教育部产学合作协同育人项目配套教材

高等学校应用型人才培养系列教材

唐杰晓　赵媛媛　主　编

应　华　王　功　刘珍珍　副主编

MG动画设计与制作

微课版

U0222839

化学工业出版社

·北　京·

内容简介

本书针对影视动画行业高素质的应用型人才培养需求编写,主要讲解MG动画的基础知识、制作方法、实践案例等。全书理论与实践相结合,共设置8章内容,29个教学案例,并在多个案例中有机融入优秀传统文化元素。其中,第1章为MG动画概述,讲解MG动画的概念、起源、发展历程、设计工具及制作流程、风格及应用领域等;第2~7章为MG动画学习的进阶阶段,从易到难地讲解MG基础动画、MG高级动画、MG表达式动画、MG角色动画、MG文字动画、MG动画插件及脚本等,通过理论讲解和案例实践,提升学习效果与操作能力;第8章为MG动画综合案例,通过案例的综合制作实践,使学习者具备独立制作MG动画的能力。为方便理论学习与实践操作,本书纸数一体,配套26个案例源文件、案例素材、章后拓展训练设计思路与操作步骤,可登录化学工业出版社官网下载、使用。书中各案例均配有视频资源,可扫书中二维码查看、学习。为便于教学,教师可登录化工教育网注册后获取课件、教学大纲等资源。

本教材适于高等学校影视动画、数字动画、数字媒体艺术、数字影像设计、影视多媒体技术、游戏设计、视觉传达设计、广告设计等专业教学使用,也可为影视制作、动画创作、游戏设计工作者和相关研究者提供参考与借鉴。注意:本书内容均基于After Effects 2021版本编写,学习者可以安装相同或更高版本的软件学习。

图书在版编目(CIP)数据

MG动画设计与制作/唐杰晓,赵媛媛主编.—北京:
化学工业出版社,2024.8
ISBN 978-7-122-45704-2

Ⅰ.①M… Ⅱ.①唐… ②赵… Ⅲ.①动画制作软件–
教材 Ⅳ.①TP391.414

中国国家版本馆CIP数据核字(2024)第102473号

责任编辑:张 阳 文字编辑:蒋 潇 药欣荣 装帧设计:张 辉
责任校对:赵懿桐 版式设计:梧桐影

出版发行:化学工业出版社
　　　　　(北京市东城区青年湖南街13号 邮政编码100011)
印　　装:北京宝隆世纪印刷有限公司
787mm×1092mm 1/16 印张12½ 字数257千字
2024年9月北京第1版第1次印刷

购书咨询:010-64518888 售后服务:010-64518899
网　　址:http://www.cip.com.cn

在当下的数字时代，移动网络和移动终端已深入人们的生活。各网络平台和终端设备上越来越多地流行着一种以图形和文字动态转换为内容的艺术形态，我们称之为MG动画。这类动画将抽象信息通过可视化效果进行生动具象的表现，画面生动谐趣，以老少咸宜的艺术表现力广泛应用于影视、动画、广告、教育、科技等行业领域。与传统的影像艺术作品相比，MG动画的画面内容和表现形式更加多样，视听语言具有自身特点，可以说是数字时代进行信息展示和传播的新形态。

党的二十大报告明确提出，实施国家文化数字化战略，健全现代公共文化服务体系，创新实施文化惠民工程。这为艺术设计工作者推进数字文化建设指明了前进方向，提供了根本遵循。目前，中国的影视动画行业进入高质量发展阶段，产业对高素质、应用型人才的需求也日益迫切。艺术设计工作者不仅要掌握必备的软件技术，更为重要的是要提升综合素养，自觉地将技术应用与优秀传统文化创造性转化、创新性发展相结合。基于这样的行业人才培养需求，我们组织编写了本书。本书的具体内容特点和功能如下：

① 突出应用型人才培养。分阶段、分步骤、引导式讲授MG动画制作全流程的知识技能，突出实用性、应用性，设置案例操作，步步解析，真正实现"教、学、做"一体化。

② 内容清晰明确。各章开头设置素质目标、能力目标，课后设置本章小结、拓展训练，以帮助学习者明确学习目的，巩固知识与技能，提高学习效率，强化学习效果。

③ 设置典型案例。书中收集了行业中流行的效果案例，紧跟行业发展前沿，并给出具体操作步骤、操作视频、源文件、素材，便于学习者跟随学习。

④ 配套资源丰富，方便获取。全书配套一整套视频资源，扫描书中二维码即可随时随地在手机端学习。附赠26个案例源文件、案例素材，7个拓展训练设计思路、操作步骤，可登录化学工业出版社官网下载、使用。教师可登录化工教育网，搜索本书书名，免费下载完整课件、教学大纲。

本书由唐杰晓、赵媛媛担任主编，应华、王功、刘珍珍担任副主编，胡江波、陈杰、宣兴磊参编。在成书的过程中，得到了华娱众禾（北京）教育科技有限公司、武汉荆楚点石数码设计有限公司、顽皮机器CG工作室，以及合肥师范学院、安徽新闻出版职业技术学院、安徽文达信息工程学院等相关单位领导、一线设计师及教师的指导与帮助，在此一并表示感谢。本书为2024年教育部产学合作协同育人项目（项目号：230905242071052）、2024年教育部供需对接就业育人项目（项目号：2023122298170）、安徽省高等学校科学研究项目（项目号：2023AH052553）的阶段性成果。

由于编者水平有限，书中难免存在疏漏之处，敬请广大读者批评指正。

编者
2024年6月

目 录

第 1 章 | MG动画概述

素质目标 ● 具备相关的理论学习能力和综合分析能力；

培养对中国动画的自豪感和自信心。

能力目标 ● 掌握MG动画的特点与类型；

掌握MG动画的设计软件及制作流程。

1.1 初识MG动画

随着社会的发展与时代的进步，设计领域一直在不断地开拓创新，尤其是数字技术的普及，使得当代视觉表现形式趋于多样化。MG动画以其独特的表现形式，引起了众多设计爱好者的关注和学习兴趣，并被广泛应用于众多领域。从MG动画的发展来看，运用合理的平面设计要素和丰富的色彩搭配形成生动的动态效果，以此引起观众的情感共鸣，已成为MG动画设计的重要法则。

1.1.1 概念与起源

MG，全称Motion Graphics，其中，"Motion"译为"运动""动态"，"Graphics"译为"图形""图像"，具体应用时包含了文字、图表、标志、插图等元素，以及这些元素的色彩和排列等，因此，国内部分学者称之为"动态图形"。"Motion Graphics"一词是由美国艺术家约翰·惠特尼（John Whitney）最早提出的，他于1960年成立了Motion Graphics公司，并使用机械模拟计算机技术制作电影、电视片头及广告等（图1-1），这是"Motion Graphics"首次作为术语出现。

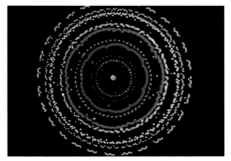

图1-1 《排列》（*Permutations*）剧照/约翰·惠特尼/1968年

随着科技的发展和应用需求的改变，MG作为一种信息传播的艺术媒介，其艺术形态和应用领域也在不断拓展。MG的历史可以追溯到20世纪20年代的实验电影艺术时期。在日后的发展中，MG与平面、电影、动画等艺术形式密切关联、互相影响。在学术界，MG的界定还存在着分歧。一些学者认为，MG属于平面设计领域的范畴，是平面设计为适应计算机媒介技术发展做出的调整和发展；一些学者认为，MG具有电影、动画等影像艺术的属性和特征，特别是具有时间维度的特性，属于视听艺术的范畴；还有观点认为任何形式的实验或抽象动画都可以称为"Motion Graphics"，它是数字视频或动画的一部分，能够产生位移、缩放、旋转等效果，结合音频应用于多媒体项目中，并指出该术语通常指动态效果在视频、电影、电视和交互式程序中的商业应用。美国视觉艺术家马特·弗朗茨（Matt Frantz）将MG定义为非叙述性、非具象的视觉效果，随着时间的推移而变化，强调以时间维度的推进表达丰富的信息内容，弱化了传统动画的戏剧演绎和悬念设置等。结合MG艺术形式在我国的发展和现实应用情况，目前国内一般将Motion Graphics称为MG动画。

MG动画是图像制作和故事叙述的结合，是设计驱动型制作项目的第一个创造性阶段，在媒介不断融合的时代，MG动画拥有了独特的节奏、张力、韵律和美感。因此，MG动画是一种融合了平面设计法则和动画、电影等视听语言表现方法，以信息传播为主要目的的影像表现形式，具有复合性的艺术设计特征和属性，属于跨学科交叉融合的新领域（图1-2）。

图1-2　Motion Graphics所属领域

1.1.2 特点与类型

MG动画新奇的动态体验和信息内涵赋予了视听艺术更为丰富的表现力。

（1）MG动画的特点

根据MG动画的起源和发展，以及设计方法和效果，可以总结出它具有以下特点：

① **设计方法多样，形式新颖。** MG动画在发展过程中，设计方法融合平面设计、动画、影像等艺术形式和多种艺术潮流，并结合不同国家、地区的民族文化特色，形成多样的表现形式，实现从二维到三维、从视听表现到虚拟交互的拓展，体现出良好的应用效果，不断满足时代和观众的审美需求。

例如，中国工商银行的全球宣传动画采用中国水墨画的形式和色彩，通过盛大的国画场景形成富有意境的视听效果，并让信息本身融入画面元素当中，以富有民族文化意味的动态画面提升关注度（图1-3）。

图1-3　中国工商银行全球宣传动画/一诺MG动画/2022年

② **信息丰富，制作成本低**。MG动画通过非叙事性的内容结构对碎片化信息进行整合，在单位时间内可以承载更大的信息量，更易于信息的转换和表达。区别于传统的戏剧性动画，MG动画通过时间维度构建直观地表现信息内容，提升观众对信息的接受效果。

与实拍、三维等技术相比，MG动画制作周期较短，并且制作成本相对可控。MG动画的制作软件为Adobe Illustrator、Adobe Photoshop和After Effects等，这些软件能帮助设计师设计出精致的画面和细腻的动态，以幽默诙谐的风格获得更高的关注度（图1-4）。

图1-4　《中国是如何防沙治沙的》/飞碟说/2023年

③ **传播便捷，体验感强**。MG动画节奏紧凑，简明扼要，有些甚至是只有几秒的GIF动图，符合当下互联网的传播特点和大众需求。当前，移动端视频播放成为主流，各种App占据大众的生活，MG动画在这些App中得到广泛的传播和应用，成为重要的信息传播方式。

MG动画体现出极强的包容性、开放性和综合性等，对图形、文字、色彩、版式、声音等元素作动态演绎（图1-5），以达到形象构建、情感表达及信息传达的目的，符合当代大众以视听艺术形式获取信息的需求，提升了大众的体验感。

图1-5　《友为青年（上海篇）》/INMAX异马也动画/2021年

（2）MG动画的类型

按照制作技术方法进行划分，MG动画可以分为以下几种。

① **二维类**。二维类MG动画中的所有元素都由平面化的二维图形和元素组成，在整个动画或片段中使用固定的视角，以一点透视（平行透视）为主，重点表现元素的排列和运动，这也要求设计师具有分镜设计的能力、灵活运用运动规律的能力。如《万科新生活》短片，利用平面设计中的点、线、面形成画面元素，制造出灵活的动态效果，在视觉上营造一种美感和动感（图1-6）。

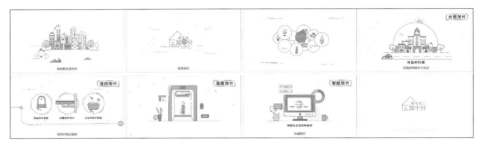

图1-6　《万科新生活》/INMAX异马也动画/2022年

② **三维类**。三维类MG动画则是以三维元素为主，可以呈现更加复杂的图形变化和空间关系。三维类MG动画的主要制作软件是Cinema 4D、3Ds Max、Maya等，能制作出模拟三维空间的动态效果，形成一个全新的视觉表达方式（图1-7）。三维类动画具有更强的视觉冲击力和表现力，但也需要更高的制作成本和更长的制作时间等。

图1-7　小米手环5宣传片/WML围观制造实验室/2021年

③ **综合类**。综合类MG动画中不仅有二维图形元素，还会包含三维场景素材或实拍素材等。通过将多种素材结合，令动画能够表现出"虚拟空间"和"未来科技"等具有想象力的视觉效果，使画面变得饱满，增强了画面的故事感，丰富了画面的多样性（图1-8）。

图1-8　京东饮料健康宣传片/安戈力文化/2022年

1.2　MG动画的发展历程

随着科技的发展和大众需求的改变，MG动画的艺术形态和应用领域也在不断拓展。

1.2.1 初期的萌芽与探索

20世纪20年代，电影艺术家沃尔特·鲁特曼、汉斯·李希特等制作的抽象电影和音乐影像被认为是Motion Graphics艺术的雏形，其中很多作品被后世称为"先锋派电影（avant-garde movies）"❶，这些作品从电影的艺术性和运动性出发，以风格各异的美学实验和创新精神挖掘影像艺术的可能性。

40年代，实验动画师奥斯卡·费钦格和诺曼·麦克拉伦制作的抽象动画中使用大量动态的几何图形和文字设计，这被认为是MG的诞生。随后，这些反传统叙事的抽象电影、实验动画开始被用于商业电影片头中，由于设计者大都是平面设计师、实验动画师，所以这些影像作品主要以平面招贴形式呈现，这也成为Motion Graphics视觉语言的基本形式。50年代，平面设计大师索尔·巴斯成为电影片头创新者的领军人物，他制作的一系列开场片头获得了公众的极大关注。其中，他为电影《迷魂记》（Vertigo）设计的片头被奉为MG的经典作品（图1-9），影片中使用几何圆形叠加人眼图像，结合旋转的动态营造出万花筒般迷人奇幻的视觉效果，他设计的动态图像为电影揭开序幕，能带动情绪，让观众更快地融入剧情。表1-1展示了20世纪20～50年代MG动画的代表作品。

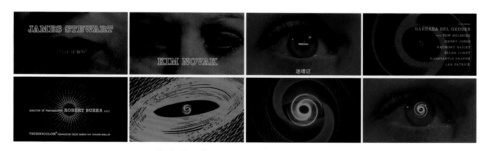

图1-9　《迷魂记》（Vertigo）/索尔·巴斯/1958年

表1-1　20世纪20～50年代MG动画作品

创作年代	作者	作品名称	作品截图
20世纪20～50年代	沃尔特·鲁特曼（Walter Ruttmann）（1887—1941）	《作品1号》《保健品》《柏林》	

---

❶ "先锋派电影"是1917～1928年间受现代主义文艺思潮影响，在法国和德国兴起的一场电影美学运动，重要特点是反传统叙事结构和强调纯视觉性。先锋派电影理论反对叙事，主张"非情节化""非戏剧化"，尝试探索如何在荧幕上表现人的内心活动和精神状态，不断尝试新的镜头语言和电影手法，使电影摆脱了对生活场景的简单再现。

创作年代	作者	作品名称	作品截图
20世纪 20～50年代	汉斯·李希特 （Hans Richter） （1888—1976）	《早餐前的幽灵》《第二十一号节奏》《23号节奏》	
	奥斯卡·费钦格 （Oskar Fischinger） （1900—1967）	《快板》《一部视觉诗歌》《圆圈》	
	诺曼·麦克拉伦 （Norman Mclaren） （1914—1987）	《幽异舞动》《谐谑曲》《幻想曲》	
	索尔·巴斯 （Saul Bass） （1920—1996）	《斯巴达克斯》《金臂人》《卡门·琼斯》	

1.2.2 近现代的成型与发展

20世纪50年代末期，古巴电影制作人帕布罗·费罗创造性地使用快速剪辑和手绘风格设计了一些电影片头，被称为"MTV风格"，后来被广泛运用于电视领域。

60年代，MG在电影、动画、电视等领域得到长足发展，出现了一系列优秀作品，如弗里兹·弗雷林设计的《粉红豹》（The Pink Panther Show）开场动画，莫里斯·宾德设计的《007》系列电影片头等。其中，美国设计师莫里斯的经典之作《007》开场片头以其抽象的叙事风格大受欢迎，成为该系列电影的标志性画面。杨·史云梅耶将快速蒙太奇和特写镜头在电影《自然史》（Historia Naturae, Suita）和《屋中寂静的一周》（Tichý týden v dome）中运用得炉火纯青，形成独特的视听效果。20世纪60年代末，卫星转播开始出现，大众可以收看来自世界各地的现场影像，电视品牌的影响力逐渐显现。美国三大有线电视网络ABC、CBS和NBC率先开始在电视栏目标示中应用MG艺术形式，获得了良好的宣传效果和品牌效应。

70年代，艺术家们积极探索平面设计、动画设计与计算机技术的结合。动画师弗兰克·莫里斯在1973年奥斯卡最佳动画短片《弗兰克电影》（Frank Film）中使用拼贴技术表现电影画面，这种表现手法随后被应用到PBS、MTV等频道的音乐视频和电视节目中。1977年，理查德·格林伯格和他的哥哥联合成立了R/Greenberg Associates公司，核心工作就是将好的平面设计转换为动画的形式。理查德运用计算机工作站设计《超人》（Superman）开场片头，给观众留下了深刻印象。80年代开始，理查德为《异形》（Alien）和《飞侠哥顿》

（*Flash Gordon*）等影片设计了开场片头，奠定了视觉隐喻在电影片头中的基调。80年代彩色电视和有线电视兴起，越来越多的电视频道使用MG艺术形式宣传频道形象。因电子游戏、录像带等各种数字媒介发展所产生的需求也为MG设计师创造了更多的就业机会。但这时MG的制作仍然费时费力，只能在高预算的电影、电视制作中使用。

90年代，设计师基利·库柏开创性地将印刷设计的手法应用到MG设计中，他的杰作《七宗罪》（*Seven*）电影片头，被视为MG设计史上的里程碑式作品。与计算机技术的结合，使得MG动画取得长足发展，然而由于设备和技术、资金的限制，也只有少数的设计师才能使用价格高昂的专业计算机工作站，这极大地限制了MG动画的发展。表1-2展示了20世纪60～90年代MG动画的代表作品。

表1-2　20世纪60～90年代MG动画作品

创作年代	作者	作品名称	作品截图
20世纪 60～90年代	帕布罗·费罗 （Pablo Ferro） （1935—2018）	《奇爱博士》《发条橙》 《黑衣人》	
	弗里兹·弗雷林 （Fritz Freleng） （1905—1995）	《粉红豹》《粉手指》 《最后的饿猫》	
	莫里斯·宾德 （Maurice Binder） （1925—1991）	《007》系列 《末代皇帝》	
	杨·史云梅耶 （Jan Svankmajer） （1934—　）	《自然史》 《屋中寂静的一周》	
	理查德·格林伯格 （Richard Greenberg） （1935—　）	《超人》《黑客帝国》 《独立日》	
	基利·库柏 （Kyle Cooper） （1962—　）	《七宗罪》《蜘蛛侠》 《死神来了》	

1.2.3 当代的变化与延伸

21世纪初期，计算机技术、互联网技术迅速普及，MG的设计成本大大降低，逐步成为大众艺术并在多个领域发挥作用。随着智能手机、平板电脑、网络电视等设备的普及，中国广告设计开始注重动态化表现效果，MG成为表现广告内容的重要方式。目前，MG动画在中国广告设计领域得到广泛应用，诞生了一系列优秀广告作品。

随着生活和工作方式的转变，大众希望在"碎片化"时间里能获得片刻的放松和娱乐，情感需求变得大众化、娱乐化。各种思想潮流、艺术潮流的快速流变，使大众对感观刺激的追求进入"快餐式"消费时代，其审美趣味趋向于奇观化、商业化。同时，在画面构成、镜头语言、叙事方式、声音表达等方面，MG动画更加整体与纯粹，为观众带来独特的新鲜感（图1-10）。

图1-10 《当监察法遇见孙悟空》/艺尚传媒/2022年

数字化平台的开发和制作软件的普及，使得MG动画设计门槛降低。大量非专业的设计者加入创作队伍，创作主体的拓展有利于MG动画的题材选择，能为内容引入新的思维和方法。跨专业的人才协作使得作品设计更加标准化、流程化、产业化，提升了设计作品的品质和效率。

通过对MG动画的发展历程和发展现状进行总结，可以发现MG动画在不断匹配时代、社会和大众需求，不断开拓更加新奇、趣味的视听效果，提升大众的情感体验和信息传播效益。

1.3 MG动画的设计工具及制作流程

MG动画的设计工具及制作流程是随着时代的发展以及MG动画表现效果的需求而不断发展升级的。

1.3.1 设计工具

计算机技术出现之前，传统艺术材料是MG动画制作的主要工具。即使到今天，各种艺术材料也会被运用在MG动画设计的前期阶段，或是草稿，或是成品中的部分元素，因而才形成了MG动画的综合性效果。

计算机的发明和普及使得MG动画的制作效果和效率得到极大提升。MG动画设计并不拘泥于某一款特定的软件，往往需要多种软件的综合使用才能创作出高质量的作品。设计软件一般可以分为二维动画软件和三维动画软件（图1-11）。根据项目制作要求的不同，每一款软件都有优缺点和各自擅长的领域，设计师可以从中选择几款适合自己的软件，熟练掌握并应用。除此之外，MG动画的制作还需要掌握一些特效软件和插件等，在后面的动画案例制作中会有提及。

图1-11　设计软件

（1）Adobe Photoshop软件概述

Adobe Photoshop，缩写为PS，该软件是Adobe公司出品的集图像制作、编辑修改、图像创意及图像输入与输出于一体的图形图像处理软件（图1-12）。它的功能十分强大，并且使用方便，深受广大设计人员和计算机美术爱好者的喜爱。Photoshop优秀的软件功能使其成为MG动画制作时的主要工具之一，它不仅可以用来设计和优化图形素材，而且与其他设计软件如After Effects等具有极好的兼容性，因此成为MG动画设计师必须掌握的设计软件。

图1-12　Adobe Photoshop软件界面

（2）Adobe Illustrator软件概述

Adobe Illustrator，缩写为AI。该软件是美国Adobe公司于1986年推出的一款基于矢量图形的制作软件，广泛应用于印刷出版、插画、多媒体图像处理和网页制作等领域。该软件内置专业的图形设计工具，提供了丰富的描绘功能以及灵活的矢量图编辑功能（图1-13）。

AI属于典型的矢量图设计软件，

图1-13　Adobe Illustrator软件界面

最大优点是可以任意调整图形的位置、比例而不会影响图形的清晰度和光滑度，占用的存储空间也很小。就MG动画设计而言，它可以输出各种尺寸的素材文件，满足不同平台的使用要求。

（3）Adobe After Effects软件概述

Adobe After Effects软件，缩写为AE，是一款专业级影视合成软件，同时也是目前最为流行的影视后期合成软件之一（图1-14）。

After Effects拥有先进的设计理念和设计效果，自身包含了上百种特效及预置动画效果，足以创建出众多无与伦比的视觉特效，关键帧和路径的引入使得高级动画的制作变得更加简单。它与同为Adobe公司出品的Premiere、Photoshop、Illustrator等软件可以实现完美兼容，这些功能使After Effects在MG动画制作中成为主流软件。

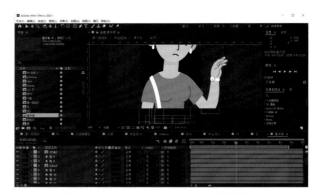

图1-14　Adobe After Effects软件界面

（4）Adobe Animate软件概述

Adobe Animate是一款由Adobe公司开发的动画制作软件，它的功能非常丰富和强大，其自动插图和图层管理功能使得制作动画变得更加容易（图1-15）。

Animate的矢量画图功能非常出色，用户可以使用它来绘制各种形状和图形，并进行各种细节编辑。同时，Animate还提供了一系列的渲染和效果工具，可以让用户轻松实现动画的模拟、光影、特效等。Animate支持与其他Adobe软件的集成，如Adobe After Effects和Photoshop等，可以让用户更加方便地进行动画制作和后期处理，因此它也是MG动画制作者的首选工具之一。

图1-15　Adobe Animate软件界面

（5）Cinema 4D软件概述

Cinema 4D，缩写为C4D，是一款由德国Maxon公司开发的高级三维动画软件，它主要用于制作复杂的三维动画和模型（图1-16）。C4D具有良好的稳定性和可靠性，具有直观而简洁的用户界面，提供了各种建模工具及强大的材质和纹理工具，使用户能够自由地表达他们的创意，同时还支持各种渲染器，可以为用户提供逼真的光影效果。

C4D为用户提供了强大的创作工具，可以用来创建动画、游戏、建筑可视化、特效、展品、平面图像等内容。它的应用领域广泛，包括电影行业、游戏行业、广告行业等。

图1-16　Cinema 4D软件界面

1.3.2　制作流程

MG属于视听艺术，其制作流程以视听语言理论❶为基础，按照视听艺术的制作流程进行，一般可以将MG制作流程大概分为剧本文案、美术设定、分镜头设计、动画设计制作等步骤，每一步内容环环相扣，形成连贯的制作流程。下面以MG动画《食物——五谷》为例，就MG动画的制作流程进行讲解。

（1）剧本文案

在商业项目中，文案的具体需求大都来自客户。所以在文案的创作过程中，需要充分考虑客户的需求以及画面与信息之间的关系，既要满足客户的需求，完成信息的表达，也要兼顾艺术性创作，使MG动画更具观赏性。

一部MG动画的整体基调在于剧本文案设计，文案要能传达作者的意图、诉求，设计者要明确具体的设计目的和设计思路，根据这些思路来明确动画的画面内容、镜头数目、台词配音等（图1-17）。同时，MG动画的文案要求语句精练准确，文字的画面感要强，以利于设计师把握设计要点。

---

❶ 视听语言理论来源于电影艺术，是利用视觉和听觉的双重刺激向大众传播某种信息的感性语言，它采用图像与声音的综合形态，实现思想上、感情上的沟通和传播，主要包括视觉、听觉、剪辑等方面。

剧本方案

片头： 设计一个角色，简单介绍中国五谷，片头时间少于10秒（五谷是中国历史最悠久的食物，那你知道五谷都有哪些吗？）

正片1：（制作一个水稻形象的动漫角色，与片头角色交替口述介绍水稻）

水稻

水稻是世界主要粮食作物之一，全世界有一半人口食用水稻，而中国是世界上水稻栽培历史最悠久的国家，据浙江余姚河姆渡发掘考证，早在六七千年以前这里就已种植水稻。

（场景给一个河姆渡时代场景背景）

水稻的种类主要有籼米和粳米，籼米谷粒细长，粳米谷粒圆而宽。

（画两个水稻的特写，区分一下两个种类）

水稻不只作为主粮，还可以作为建筑材料，如中国客家村落中的圆形土楼，材料中就有稻糠。而稻草也是有特色的农副产品，用途相当多，如制作草帽、草鞋与草房子。

（介绍各个场景，分别为客家土楼、茅草房、草鞋、草帽）

正片2：（设计一个小麦动画角色，与片头角色交替口述介绍小麦）

小麦

小麦是新石器时代人类对其野生祖先进行驯化的产物，栽培历史已有一万年以上。中国的小麦由黄河中游逐渐扩展到长江以南各地，南方原先很少种麦，汉以后才逐渐向南推广。

（介绍中国各时期小麦种植）

小麦磨成面粉之后，根据各个地域的风格，可以制作出西式的面包、披萨，或者制作中式的馒头、包子、饺子等（介绍小麦制成的食物）。

正片3：（同上）

粟

粟即小米，粟是起源于中国或东亚的古老作物，栽培历史悠久。黄河流域史前考古发掘的粮食作物以粟居多。秦汉时期，粟是种植最多的谷物，唐宋时期也在中国南方提倡种粟。直到宋末，稻、小麦逐渐发展，粟才退居二线。

（片头角色介绍粟的历史与制成食物）

正片4：（同上）

稷

稷即大黄米，稷作为人类最早的栽培谷物之一，其谷粒富含淀粉，供食用或酿酒。稷制作的黄米馍便是陕北清涧河流域人们过年时所吃的一种年夜饭。

（片头角色介绍一下稷）

正片5：（同上）

菽

菽即是大豆，大豆原产自中国，已有5000多年栽种历史。

大豆营养含量极高，有着优秀的植物蛋白，大豆制品丰富多彩，有豆浆、腐竹、豆皮等。

淮南王刘安便是发明了豆腐这一营养又美味的美食，现在豆腐已是家常餐桌上必不可少的美食之一。

（背景用小窗形式表述几种豆制品）

结语：（之前的动漫角色全部出来，以口述的方式说出结语）

五谷杂粮是中国古代农耕文明的体现，代表了古人高深的种植培育技艺，五谷杂粮养育了中华民族五千多年的历史，使国家免于各种粮食危机。

当今社会，粮食危机已逐渐离我们远去，但节约粮食的美德必须坚持下去，我们更应该珍惜粮食，杜绝浪费。

图1-17 《食物——五谷》剧本文案设计

（2）美术设定

剧本文案确定之后，需要进行动画的主体造型、画面风格及色调等内容的设定。一般情况下，设计师根据前期剧本文案的具体需求进行角色、场景等内容的设定，然后与客户沟通确认，以保证后期画面整体的统一（图1-18）。

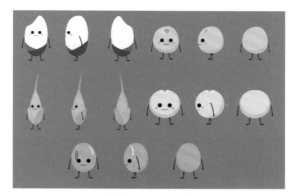

图1-18　《食物——五谷》角色设计

（3）分镜头设计

在MG动画中，创作分镜头可以提高整个制作环节的效率，让动画师能够通过分镜头在最短时间内完成实际需要的动画。

分镜头设计需要根据文案内容和美术风格设计每一个镜头。分镜头画面中包括角色形象、动态、镜头、场面调度和时长、配音等内容（图1-19）。为了方便记录，可以在每个镜头下面写上对应的文案。

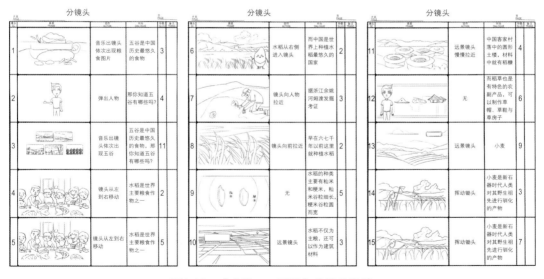

图1-19　《食物——五谷》分镜头设计

（4）动画设计制作

分镜头设计完毕后，便可以进入中期的动画设计制作环节。MG动画的素材大多采用二维平面形式，使用Illustrator、Photoshop等软件制作（图1-20）。在设计素材制作完成后，就可以导入动画软件进行动画的处理和制作。其中，对于以角色形象为主的MG动画，可以根据文案设计一套角色形象，角色的肢体要根据动画内容需求设定，应具备灵活性和可操作性。场景的绘制同样需要以文案以及MG动画基调为基础进行设计。

前期素材准备完成之后，就可以进入动画制作环节。通过动画合成软件如After Effects 或者Animate（图1-21），把角色、场景、声音等元素组合设计成一个完整的画面，并根据分镜头设计素材的运动、节奏、速度等，实现合理的动态效果。在MG动画制作的过程当中，以分层的形式进行动画制作。

图1-20　《食物——五谷》素材设计　　　　图1-21　《食物——五谷》动画设计

（5）声音创作

声音是MG动画的重要组成部分，包括音乐、配音、音效。其中，音乐部分大多是背景音乐以及穿插在其中的场景音乐。背景音乐可以购买相关的音乐素材，也可以邀请专业的声音设计师进行背景音乐的创作。

配音包括对白、旁白、解说等，把文案的信息内容呈现在MG动画之中，配音的风格根据MG动画具体的需求而定。如一部科普宣传类MG动画，要求配音人员必须口齿清晰、语音标准等。

音效包括自然音效和合成音效，它能够增强画面场景的真实性与节奏感。音效通常来自一些音效素材网站，这些网站会提供丰富的音效素材，通过这些素材的组合搭配形成不同类型的声音效果。

（6）后期剪辑

在MG动画制作的过程中，后期剪辑的主要任务是将动画内容根据剧情需要进行合理的排列组合，并添加转场、特效等（图1-22）。通过后期剪辑，合理地表现画面剧情，把握画面的节奏，突出画面信息内容，后期剪辑是实现最终动画效果的关键性步骤。同时需要对画面与声音进行

图1-22　《食物——五谷》后期剪辑

协调匹配，保证声画效果的统一，实现生动的视听效果。

（7）合成输出

剪辑完成之后，就可以根据客户需求和播放媒体要求进行输出，输出的任务主要是合理设置媒体格式等，形成最终动画效果（图1-23）。

图1-23　《食物——五谷》最终效果

1.4　MG动画的风格及应用领域

随着MG动画艺术形态的拓展以及制作技术的提升，它的画面风格愈加多样，应用领域愈加广泛。

1.4.1　MG动画的风格

结合目前的MG动画设计方法和画面效果，MG动画的风格大致分为扁平化风格、插画风格、MBE风格、极简风格、孟菲斯风格、三维风格，以及综合风格等。

（1）扁平化风格

扁平化风格是MG动画的主要风格，采用扁平化方式表现图形、人物、场景等元素（图1-24），配色搭配对比强烈的纯色，重点是通过趣味性的动态营造视觉上的张力，使信息更加直观。

（2）插画风格

插画风格与扁平化风格相似，但插画风格更注重画面的肌理效果，更具观赏性和艺术性（图1-25）。

图1-24　扁平化风格

图1-25　插画风格

（3）MBE风格

MBE风格采用断点式的粗线条描边效果，能够凸显内容，还有一个特点就是色块溢出，通过色块的溢出可以体现阴影与高光等（图1-26）。

（4）极简风格

极简风格的画面以线条为主，面和点为辅，色彩上主要以单一的颜色为主，近似色为辅，形成了简洁大方的画面特点（图1-27）。

图1-26　MBE风格

图1-27　极简风格

（5）孟菲斯风格

孟菲斯风格是由平面设计转换过来的，个性化的装饰、高饱和度的颜色、重复的几何图形形成了其鲜明的特色（图1-28）。

（6）三维风格

三维风格最大的特点是：画面当中所呈现的视觉元素，无论是物体还是角色，形体都经过了一定程度的简化提炼，成为一些高度概括的几何形体（图1-29）。

图1-28 孟菲斯风格

图1-29 三维风格

（7）综合风格

综合风格就是两种或两种以上的风格相结合而成的风格（图1-30）。

1.4.2 MG动画的应用领域

MG动画将动画、平面设计和电影语言巧妙地结合在了一起，以一种非叙事性、非具象化的视觉表现形式和观众进行互动。MG动画的主要应用领域包括多个方面。

图1-30 综合风格

（1）产品宣传

MG动画生动的画面、丰富的色彩、动感十足的特效加上充满活力的解说，非常适合用来表现产品的特点及功能，可以帮助观众更好地了解产品，例如《榴莲微视App》是一则MG动画风格的App产品宣传片（图1-31）。

图1-31 《榴莲微视App》宣传动画/创云动画/2019年

（2）商业推广

在商业推广活动中，MG动画中变换丰富的动态图形搭配动感的音乐，能够提升商业活动的氛围，丰富观众的情感体验。近年来大量App应用层出不穷，了解它们的功能和如何应用成为重点，MG动画因能很好地表现这些方面而成为高效的宣传方式。

（3）音乐MV

音乐MV往往需要营造极强的情感氛围，MG动画丰富的画面表现形式和动态效果能够与音乐实现良好的匹配，实现与众不同的MV意境（图1-32）。

图1-32　音乐MV（*Desire*）/Bob Moses & ZHU/2020年

（4）科普教育

科普教育包括介绍科学知识、教育课件、社会热点和历史事件等类型，MG动画的制作成本低廉，效率较高，且能够较好地融入科普信息，可以大大提高宣传效益。

（5）游戏动画

许多的手游和端游的开场动画都选择MG动画形式，包括一些网页游戏等都在使用MG动画（图1-33）。

图1-33　游戏《无悔华夏》开场动画/乙亥互动娱乐/2021年

（6）其他领域

MG动画的应用远不止上述这些领域，还有如产品的动态logo（标识）、icon（图标）动效设计、电视节目包装、自媒体展示等都可以通过MG动画来实现。

 小结

　　本章介绍了MG动画的概念与起源、特点与类型，MG动画的发展历程，MG动画的设计工具及制作流程，以及MG动画的风格及应用领域等，帮助设计者对MG动画有更加清晰的认识。在快节奏的社会发展趋势下，MG动画已经成为大众快速有效地获取信息的一种形式，其表现形式快捷方便，效果也更加直观，具有较高的应用价值。由于它是多种艺术形式结合的产物，因此对于设计师的审美能力和表现能力要求也更高。在制作MG动画之前，设计师要了解MG动画是什么，了解MG动画的发展历程，了解MG动画的制作软件和制作步骤等，掌握这些知识点，相信在之后的项目制作时可以有效地提高工作效率，加快工作进度。

拓展训练

① 简述MG动画的概念及起源。
② 简述MG动画的制作流程。
③ 简述MG动画的应用领域。

第2章 | MG基础动画

素质目标 ● 熟悉MG动画设计的相关概念；
掌握相关设计工具的使用方法；
培养分析问题、解决问题的能力。

能力目标 ● 掌握相关理论概念，熟悉软件工具；
掌握常见的运动规律；
具备观察运动、分析运动的能力。

2.1 关键帧动画概述

After Effects软件的关键帧动画主要是在时间轴面板中制作的。不同于传统动画制作方法，After Effects软件可以实现复杂多变的动画效果，自由灵活地设置动画关键帧，实现设计师的设计需求和目标。

2.1.1 关键帧的概念

帧（frame），即动画中最小单位的单幅影像画面，相当于电影胶片上的一格镜头，在After Effects软件的时间轴中，"帧"表现为一格或者一个标记。关键帧（key frame），指角色或者物体在运动或变化中关键动作所处的那一帧。在After Effects软件中，关键帧与关键帧之间的过渡动画由软件自动生成，这些过渡动画称为过渡帧或中间帧（图2-1）。

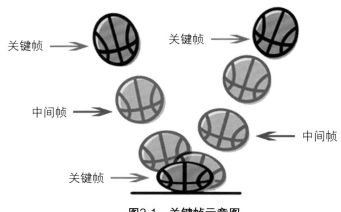

图2-1　关键帧示意图

2.1.2 关键帧的创建及编辑

MG动画中的"关键帧"是一个非常重要的概念。关键帧决定了画面的运动效果、动画的流畅度等，掌握关键帧的创建及编辑方法是制作MG动画的基础。

（1）创建关键帧

创建关键帧就是对图层的属性值进行设置。例如，展开某一图层的"变换"属性时，一般包括"锚点""位置""缩放""旋转""不透明度"等属性，每个属性的左侧都有一个秒表图标 ，即"关键帧记录器"，它是设置关键帧的重要工具。单击该图标，即激活对应的属性值，点击 （在当前时间添加或删除关键帧）工具或者修改该属性值，软件就会自动记录一个关键帧。与此同时，时间面板中会出现相应的关键帧图标 （图2-2）。

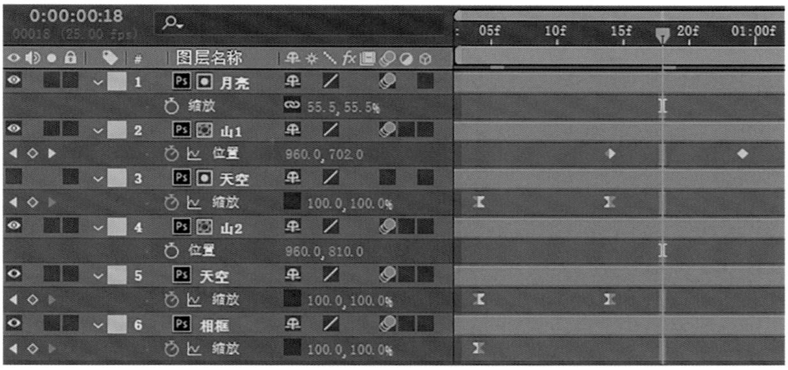

图2-2 "关键帧记录器"及关键帧图标

以"位置"属性为例，把时间轴移至两个关键帧中间，修改"位置"属性参数时，时间面板中会新增一个关键帧（图2-3）。

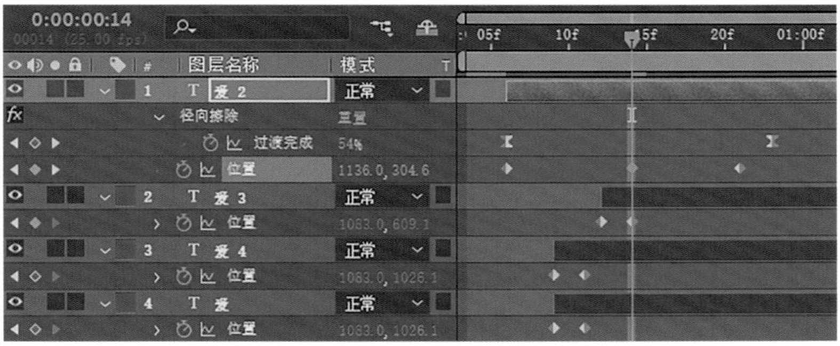

图2-3 添加关键帧

（2）编辑关键帧

在时间面板中可以通过单击的方式选中需要编辑的关键帧，进行属性数值的修改，也可以通过框选的方式选中多个关键帧，同时调整属性数值（图2-4）。

图2-4　框选多个关键帧

如果需要调整关键帧的位置，可以选择一个关键帧或多个关键帧在时间轴上拖曳，把关键帧调整到需要的时间帧。

 提示　在操作过程中，按住快捷键Shift移动时间轴，时间轴会自动吸附到邻近的关键帧上。在调整多个关键帧的移动时，按住快捷键Alt拖曳关键帧，可对关键帧以等比例的方式进行调整。

选中需要复制的关键帧，执行"编辑" > "复制"或者快捷键Ctrl+C命令，将时间轴移至需要粘贴关键帧的位置，执行"编辑" > "粘贴"或者快捷键Ctrl+V命令，可将关键帧粘贴至当前位置。

删除关键帧的操作只需选中要删除的关键帧，执行"编辑" > "删除"或者按快捷键Delete即可。

2.1.3　关键帧的种类

After Effects软件中的关键帧有多种类型（图2-5），具体使用效果如下。

"线性"：默认创建的关键帧类型，属于匀速运动的关键帧。

"缓动"：选择"线性关键帧"，单击鼠标右键，在弹出的快捷菜单中执行"关键帧辅助" > "缓动"命令，或者选择关键帧后点击快捷键F9，即转换为"缓动"关键帧。其运动方式具有开始慢、中间快、结束慢的特点，是常用的关键帧类型。

图2-5　关键帧类型

"缓入""缓出"：选中关键帧，单击鼠标右键，在弹出的快捷菜单中执行"关键帧辅助" > "缓入"或"关键帧辅助" > "缓出"即可。"缓入" + "缓出"相当于"缓动"关键帧的运动效果，但是"缓入""缓出"更加灵活。

"平滑"：选中三个关键帧，按住快捷键Ctrl，点击中间的关键帧，即转换为"平滑"关键帧，它主要用于平滑速度曲线，使运动更加平顺。

"定格"：使物体运动画面静止的关键帧。通常，"定格"关键帧是方块形式，尤其是新建的定格类型关键帧。选择已创建的关键帧，点击鼠标右键，在弹出的快捷菜单中执行"定格"命令，即创建"左边尖"的定格关键帧。选择已创建的"缓动"关键帧，点击右键，在弹出的快捷菜单中执行"定格"命令，形成第三种形式的定格关键帧。三种形式的"定格"关键帧效果是一样的。

2.1.4 案例实战：电池UI动画

设计构思：本案例讲解利用关键帧制作电池UI动画的方法，这是MG动画涉及的应用领域之一（图2-6）。案例中通过电池液上涨的动画展现电池充电的过程，主要利用关键帧制作。制作难点是随着电池液的不断上涨，电池内的闪电符号随之位移，同时闪电符号置于电池液内的部分需要表现出折射效果和发光效果，制作时需要使用蒙版工具区分闪电符号在电池液中的效果，并配合关键帧动画，实现电池液的逐渐上涨。

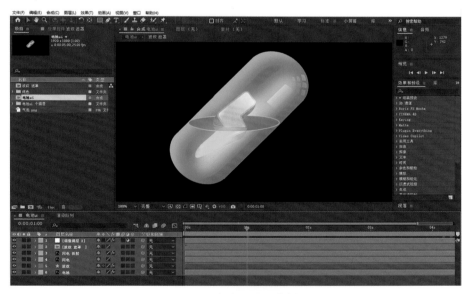

图2-6　电池UI动画案例

本案例制作步骤如下。

① 选择After Effects中的"文件"菜单，打开"电池UI初始文件.aep"，查看画面效果（图2-7）。

▶ 视 频 教 程 ◀

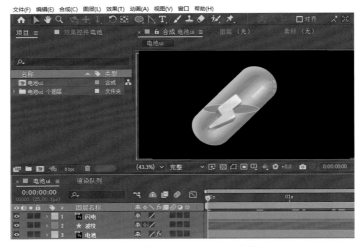

图2-7　打开After Effects文件

② 设置波纹动画。选择"波纹"图层，添加"效果">"扭曲">"波形变形"，在"效果控件"面板将"波形高度"设置为"2"，"波形宽度"设置为"200"，"固定"设置为"全部边缘"（图2-8），查看动画效果（图2-9）。

图2-8　设置波纹动画　　图2-9　查看动画效果（1）

③ 制作图层动画。将时间轴拖到第0帧，开启"闪电"图层的"位置"属性关键帧，将参数设置为"940，550"，作为第一个关键帧。将时间轴拖到第1秒，参数修改为"960，530"，作为第二个关键帧。将时间轴拖到第2秒，复制第0帧的关键帧并粘贴，作为第三个关键帧。将时间轴拖到第3秒，复制第1秒的关键帧并粘贴，作为第四个关键帧（图2-10）。以此类推，每隔1秒复制一个关键帧并粘贴。选择所有的关键帧并点击快捷键F9，生成"缓动"曲线，形成图层上下浮动的效果（图2-11）。

图2-10　生成关键帧

图2-11　生成"缓动"曲线

④ 制作图层遮罩。选择"波纹"图层进行复制，移动到"闪电"图层上方，点击快捷键Ctrl+Shift+C快速生成预合成图层并命名为"波纹遮罩"（图2-12），使用钢笔工具绘制封闭路径作为蒙版，形成"闪电"图层在液体中的遮挡效果（图2-13）。

图2-12 制作图层遮罩

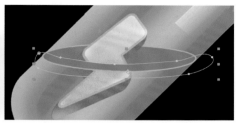

图2-13 绘制封闭路径（1）

⑤ 制作折射效果。选择"闪电"图层并复制一层，将其命名为"闪电折射"，使用钢笔工具绘制封闭路径作为蒙版，包含"闪电"图层在液体中的部分（图2-14）。将"缩放"属性调整为"110，110%"（图2-15），实现折射放大的效果。

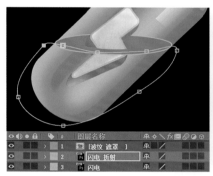

图2-14 绘制封闭路径（2）

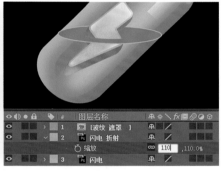

图2-15 调整"缩放"

⑥ 调整色彩。选择"效果">"颜色校正">"色相/饱和度"，将"主色相"调整为"0x+20°"，将"主饱和度"调整为"20"（图2-16），观看画面效果（图2-17）。

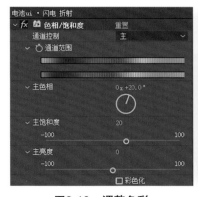

图2-16 调整色彩

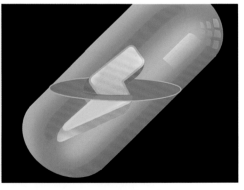

图2-17 画面效果（1）

⑦ 设置图层蒙版路径的关键帧。因为"闪电"图层是上下浮动的，所以蒙版路径也需要跟随"闪电"图层的运动调整位置。将时间轴拖到第0帧，选择"闪电"图层，开启

"蒙版" > "蒙版1" > "蒙版路径"的关键帧，在合成窗口中调整位置，生成第一个关键帧（图2-18）。将时间轴拖到第1秒，在合成窗口中调整位置，生成第二个关键帧，保证蒙版路径能够遮挡住"闪电"图层在液体中的部分（图2-19）。在第2秒时复制第0帧的关键帧并粘贴，在第3秒时复制第1帧的关键帧并粘贴，以此类推，查看动画效果。

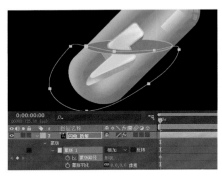 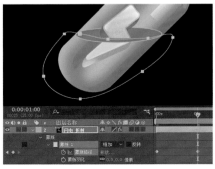

图2-18　设置第一个关键帧　　　　图2-19　设置第二个关键帧

⑧ 制作发光效果。创建"调整"图层，将其置于最上层，选择"效果" > "风格化" > "发光"，将"发光阈值"设置为"100%"，将"发光半径"设置为"60"，将"发光强度"设置为"1"（图2-20），查看画面效果（图2-21）。

 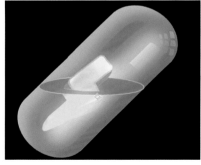

图2-20　制作发光效果　　　　图2-21　画面效果（2）

⑨ 将"波纹遮罩"图层的"不透明度"调整为"70%"，查看最终动画效果（图2-22）。

 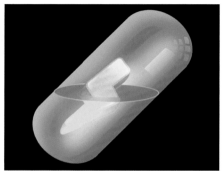

（a）第7帧　　　　　　　　　（b）第1秒7帧

图2-22　最终电池UI动画效果

运动曲线概述

单击时间轴面板的 ⬜ "图表编辑器"，开启"图表编辑"模式。图表中的红色、绿色、紫色的实体曲线（图2-23）即运动曲线，代表该属性在坐标轴中的运动时间、运动幅度等。运动曲线是控制动画节奏的关键，决定了动画效果是否生动。

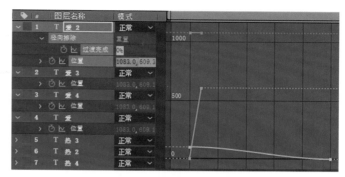

图2-23 "图表编辑"模式

2.2.1 值图表与速度图表

"图表编辑器"中有两种图表形式，第一种是值图表（图2-24），第二种是速度图表（图2-25）。其中，值图表中的运动曲线是值曲线，又叫做路径曲线，是表示距离（X轴）与时间（Y轴）之间关系的曲线。该曲线可以直观表现物体运动的幅度，斜率越大，运动幅度越大。速度图表中的运动曲线被称为速度曲线，是表示速度（X轴）与时间（Y轴）之间关系的曲线。该曲线可以直观表现物体运动的速度，曲线越陡，速度越快。

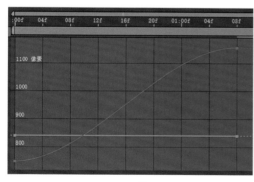

图2-24 值图表

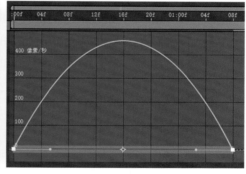

图2-25 速度图表

值曲线和速度曲线都可以控制动画的运动曲线，但是它们的作用和表现方式不同。

值曲线控制的是动画对象的值属性变化，如位置、旋转、缩放、不透明度等，它主要控制动画对象属性变化的幅度，以及动画对象的变化方式，如线性、贝塞尔曲线等。比如图形从A点运动到B点，时间为1秒，A到B就是两个数值的变化。在1秒时间不变的情况下，图形从A点开始运动，到B点结束，移动过程可以快也可以慢，也可以时快时慢。

速度曲线控制的是动画对象的速度变化，主要用来控制动画的加速度和减速度，以及动画运动的平滑度等，通常用于控制运动路径以及旋转、缩放等属性。速度曲线变化的是时间，而不改变数值。例如，在1秒的时间内，图形的运动距离为100单位，如果时间是

0.5秒，图形运动距离为100单位，速度就提高了2倍。在现实生活中，速度是一个变化的量。例如，汽车启动时速度较慢，随后会不断加速，所以速度曲线是加速度状态。

2.2.2 速度曲线的类型

MG动画制作时主要通过速度曲线来调整动画节奏，常用的速度曲线共有四种类型（图2-26）。

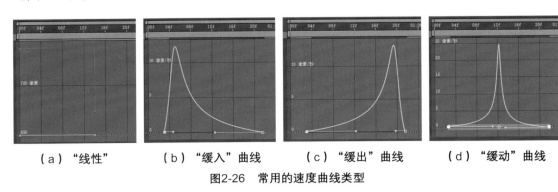

（a）"线性"　　（b）"缓入"曲线　　（c）"缓出"曲线　　（d）"缓动"曲线

图2-26　常用的速度曲线类型

"线性"：即速度不变的匀速运动。MG动画中大部分元素是变速运动，因此"线性"很少用到。

"缓入"曲线：曲线效果先陡峭后舒缓，即先快后慢的运动效果。常用于一个镜头或画面的开始，图形或角色的进入或出现等。

"缓出"曲线：与"缓入"曲线相反，曲线效果先舒缓后陡峭，即先慢后快的运动效果。常用于镜头或画面的结束，图形或角色的移出或消失等。

"缓动"曲线：可以看作是"缓入"和"缓出"的结合，常规的"缓动"曲线属于抛物线类型，但是动画效果并不明显，因此在实际应用时需要强化曲线效果。"缓动"曲线常用于画面中图形运动效果的制作等，实现"开始、结束慢，中间快"的动画效果。

总的来说，一个画面或图形在开始或出现时常用"缓入"曲线，结束或消失时常用"缓出"曲线，而在画面中的图形运动常用"缓动"曲线。在实际的MG动画设计中，速度曲线的设置是复杂多样的（图2-27），需要根据具体的图形元素、赋予的物理属性以及需要的运动效果等调整速度曲线，进而生成合理的动画节奏。

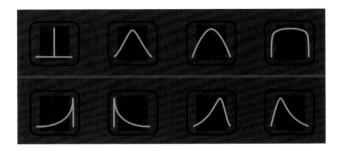

图2-27　速度曲线类型

运动规律概述

2.3.1 运动规律的概念

运动规律是研究时间、空间、速度和节奏等概念及彼此之间的相互关系，从而准确合理地表现动画效果的规律。

MG动画的生动有趣，主要依赖于图形元素"动"得自然、顺畅，符合现实世界中的运动规律（图2-28）。其中，图形本身的属性、材质和所处环境等因素都会影响运动效果的表现，这需要设计师在日常生活中多观察，多思考，理解并掌握物体运动的规律。

图2-28 跑步的运动规律

2.3.2 常用的运动规律

在MG动画制作中，常用的运动规律包括弹性运动、曲线运动、跟随运动、预备动作、空气动力学等。

（1）弹性运动

弹性运动在MG动画中运用广泛，包括图形或角色的出现、物体的运动等。不同幅度的弹性运动能表现出物体的质感、质量等属性差异，适当夸张或增强弹性运动的幅度可以增加画面的张力，获得更有冲击力的动画效果（图2-29）。在After Effects软件中可以通过设置属性关键帧的方式完成弹性动画，最便捷的方式是使用相关插件或者预设表达式的方法设置弹性动画。

图2-29 弹性运动

（2）曲线运动

曲线运动大致分为三类：弧形运动、波形运动、S形运动。

当物体的运动路线呈弧线、抛物线的行进轨迹时，称为弧形运动。弧形运动要注意弧线的幅度与速度的变化，保证图形运动时动画的流畅与节奏的合理（图2-30）。

图2-30 弧形运动

质地柔软的物体在受到力的作用时，它的运动呈现波浪形，称为波形运动，常用于水波纹或者质地柔软的布料、软体等（图2-31）。

图2-31 波形运动

S形运动常用于绳状的物体、摆动的物体或者动物的尾巴、毛发等（图2-32）。

图2-32 S形运动

（3）跟随运动

跟随运动是指主体运动突然停止或改变方向时，主体上的一些附属物品（如角色的毛发、衣服、尾巴或耳朵等）产生的一连串关键动作。例如，在人体运动时，头发由于惯性会跟随人体的运动而运动，人体运动停止时，头发仍然继续运动，随后会弹回静止状态（图2-33）。合理地运用跟随运动可以更好地表现角色或物体运动的真实性。

图2-33 跟随运动

（4）预备动作

预备动作是在做主要动作时加入一个与主要动作相反方向的动作，以加强动作的张力，使动作更加生动和富有力量。例如在角色要向前空翻的时候，要加入一个下蹲的动作，这样角色动作更加合理，更具有力量感（图2-34）。

图2-34 预备动作

（5）空气动力学

空气动力学是研究飞行器或其他物体在同空气或其他气体做相对运动情况下的受力特性、气体的流动规律等。例如披风被风吹而产生的波形运动，将场景中空气的影响表现出来，会使运动效果更加生动且真实（图2-35）。

图2-35 空气动力学

以上是常见的运动规律，设计师需要掌握这些运动规律且能将其合理地运用到MG动画制作中，并能具体分析各种运动规律应该应用到哪些动画中。此外，还需要仔细观察学习相关的MG动画作品，提炼其中的经验技巧并灵活运用。

2.4　动画转场概述

2.4.1 动画转场的概念

转场是指在行为、情节或者场景之间运用切换或者连接的手法。

MG动画是由多个镜头组成的，需要通过转场将前后两个镜头相衔接，使画面与画面之间的过渡自然、协调。MG动画转场是信息关联的重要手段，相较于影视动画中的转场，MG动画的转场方式更加灵活和自由，转场效果更加富有趣味性（图2-36）。

图2-36　MG动画的转场

2.4.2　常用的转场方式

MG动画常用的转场方式有遮挡型转场、局部型转场、镜头移动转场、相似性因素转场、动作趋势转场等。

遮挡型转场：借助一些图形或物体的位移、放大等方式直接遮挡住之前的画面，或者借助当前画面中的元素进行移动、遮挡等（图2-37）。

图2-37　遮挡型转场

局部型转场：通过画面中物体或元素的变化实现转场，比如可以将当前画面的某个局部放大成为第二个场景的元素，或者是将局部进行缩小，引出第二个场景等（图2-38）。

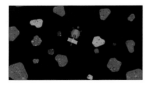

图2-38　局部型转场

镜头移动转场：通过摄像机的移动进行转场，例如镜头的推、拉、摇、移等（图2-39）。这类转场的画面看似是镜头在移动，实际是画面中的元素在做位移动画。

图2-39　镜头移动转场

相似性因素转场：巧妙利用信息关联的手法，将前后场景中相同的元素提取出来进行转场，使得前后的画面内容具有关联性（图2-40）。

图2-40 相似性因素转场

动作趋势转场：利用不同镜头中主体或角色相同的运动趋势进行转场（图2-41）。

图2-41 动作趋势转场

2.5 综合案例：场景转换动画

设计构思：本案例讲解利用运动曲线、运动规律、动画转场等制作场景转换动画的方法，属于MG动画的重要实践案例（图2-42）。案例中通过位移、缩放等变换属性实现场景动画的转换，需要综合运用运动曲线、运动规律、关键帧、动画转场等知识点。需要注意以下两点：一是图层在运动时，以变速运动为主，增加图层动画的运动张力；二是图层转换时，前后图层的衔接要流畅生动，图层的出现使用弹性动画，丰富图形的动态效果。

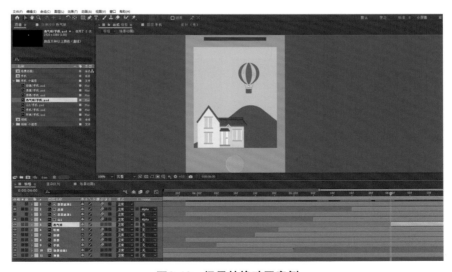

图2-42 场景转换动画案例

本案例制作步骤如下。

2.5.1 制作场景1出现动画

① 打开After Effects软件，打开"相框.aep"文件，查看文件内容
（图2-43）。

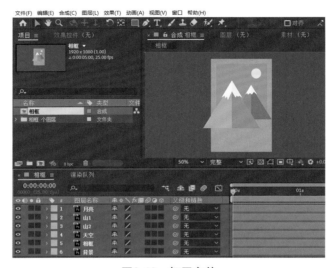

图2-43 打开文件

② 制作图层动画。隐藏其他图层，选择"相框"图层，将时间轴拖到第0帧，开启
"缩放"属性关键帧，取消 "缩放约束"，参数设置为"10，0%"，创建第一个关键
帧。将时间轴拖到第11帧，参数设置为"10，100%"，生成第二个关键帧（图2-44）。将
时间轴拖到第19帧，点击 ◇ "在当面创建或删除关键帧"，生成第三个关键帧。将时间轴
拖到第1秒2帧，参数设置为"100，100%"，生成第四个关键帧（图2-45）。

图2-44 第二个关键帧

图2-45 第四个关键帧

③ 修改速度曲线。选择创建的关键帧，点击快捷键F9生成"缓动"曲线，点击"图
表编辑器" ▦ ，进入"图表编辑模式"，点击▦"选择图表类型和选项"，在弹出面板中
选择"速度图表"。拖动第一个和第二个关键帧的控制柄调整曲线，加强缓动动画效果。
同理拖动第三个和第四个关键帧的控制柄调整曲线，强化缓动动画效果（图2-46）。开启
图层的 ◉ "运动模糊"，查看动画效果（图2-47）。

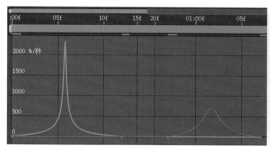

图2-46 修改速度曲线（1）　　　　图2-47 动画效果（1）

④ 制作图层动画。选择"天空"图层，按住快捷键Ctrl，使用 ▓ "向后平移锚点工具"将锚点调整到图层的上方（图2-48）。将时间轴拖到第1秒2帧，开启"缩放"属性关键帧，关闭 ▓ "缩放约束"，将参数设置为"100，0%"，创建第一个关键帧。将时间轴拖到第1秒12帧，参数设置为"100，100%"，创建第二个关键帧（图2-49）。

图2-48 调整图层锚点　　　　　　图2-49 创建第二个关键帧

⑤ 修改速度曲线。选择创建的关键帧，点击快捷键F9生成"缓动"曲线，进入"图表编辑模式"，拖动绿色曲线的锚点控制柄调整曲线，强化"缓入"曲线（图2-50）。开启 ▓ "运动模糊"，查看动画效果（图2-51）。

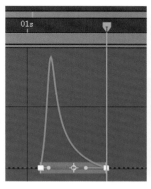

图2-50 修改速度曲线（2）　　　　图2-51 动画效果（2）

⑥ 设置遮罩。选择"天空"图层并复制两次，命名为"天空遮罩1""天空遮罩2"，删除两个图层的"缩放"关键帧，并分别置于"山1""山2"图层上方（图2-52）。将"山1""山2"图层的"轨道遮罩"设置为"Alpha遮罩"，查看画面效果（图2-53）。

图2-52　修改速度曲线（3）

图2-53　动画效果（3）

⑦ 设置关键帧。将时间轴拖到第1秒12帧，选择"山1"图层，开启"位置"属性关键帧，参数设置为"960，810"，创建第一个关键帧。将时间轴拖到第1秒22帧，参数设置为"960，540"，创建第二个关键帧（图2-54）。将时间轴拖到第1秒16帧，开启"山2"图层"位置"属性关键帧，参数设置为"960，810"，创建第一个关键帧。将时间轴拖到第2秒1帧，参数设置为"960，540"，创建第二个关键帧（图2-55）。

图2-54　设置"山1"关键帧

图2-55　设置"山2"关键帧

⑧ 修改速度曲线。选择创建的关键帧，点击快捷键F9生成"缓动"曲线，进入"图表编辑"模式，显示"速度曲线"，调整关键帧的曲线曲率，强化"缓动"曲线（图2-56），开启 "运动模糊"，查看动画效果（图2-57）。

图2-56　修改速度曲线（4）

图2-57　动画效果（4）

⑨ 设置关键帧。选择"月亮"图层，使用 "向后平移锚点工具"将锚点调整到"月亮"的中心。将时间轴拖到第2秒1帧，开启"位置"属性关键帧，参数设置为"380，390"，创建第一个关键帧。将时间轴拖到第2秒11帧，参数设置为"1000，300"，创建

第二个关键帧（图2-58）。选择主工具栏的 ✐ "钢笔工具" > ⊾ "转换顶点工具"，在合成视窗中调整路径顶点的控制柄，将运动路径调整为弧线运动效果（图2-59）。

图2-58　设置关键帧（1）

图2-59　动画效果（5）

⑩ 设置轨道遮罩。选择"天空遮罩1"图层并复制，命名为"天空遮罩3"，并置于"月亮"图层上方。将"月亮"图层的"轨道遮罩"设置为"Alpha遮罩"（图2-60）。开启 ◉ "运动模糊"，查看动画效果（图2-61）。

图2-60　设置轨道遮罩（1）

图2-61　动画效果（6）

2.5.2 制作场景1消失动画

① 设置关键帧。将时间轴拖到第2秒20帧，打开"山1"的"位置"属性，点击 ◈ "在当前时间添加或删除关键帧"，创建第三个关键帧。将时间轴拖到第3秒5帧，参数设置为"960，810"，生成第四个关键帧（图2-62）。将时间轴拖到第2秒24帧，打开"山2"的"位置"属性，点击 ◈ "在当前时间添加或删除关键帧"，创建第三个关键帧。将时间轴拖到第3秒9帧，参数设置为"960，810"，生成第四个关键帧，查看动画效果（图2-63）。

图2-62　设置关键帧（2）

图2-63　动画效果（7）

② 设置关键帧。将时间轴拖到第3秒9帧，选择"月亮"图层，开启"缩放"属性关键帧，创建第一个关键帧。将时间轴拖到第3秒19帧，参数调整为"0，0%"，生成

第二个关键帧（图2-64）。点击快捷键F9生成"缓动"曲线，进入"图表编辑模式"，显示"速度曲线"，强化"缓动"曲线（图2-65）。

图2-64　设置关键帧（3）

图2-65　修改速度
曲线（5）

③ 设置预合成。选择"背景"图层以外的所有图层，点击快捷键Ctrl+Shift+C创建预合成，命名为"场景动画1"（图2-66）。

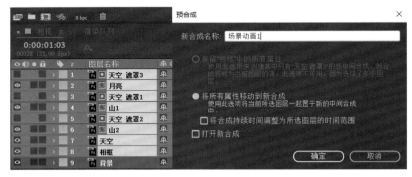

图2-66　生成预合成

2.5.3　制作转场动画

① 设置缩放动画。选择"场景动画1"合成，按住快捷键Ctrl，使用  "向后平移锚点工具"将锚点移动到

图2-67　设置锚点位置

图2-68　设置关键帧（4）

合成最上方（图2-67）。将时间轴拖到第3秒18帧，开启"缩放"属性关键帧，取消  "约束比例"，创建第一个关键帧。将时间轴拖到第3秒22帧，参数设置为"91，103%"，生成第二个关键帧（图2-68）。

② 导入文件。导入"手机.psd"文件，查看文件（图2-69）。

③ 设置缩放动画。将"屏幕"图层拖入合成中，将"时间入点"设置为3秒22帧，按住快捷键Ctrl，使用 "向后平移锚点工具"将锚点移动到合成最上方（图2-70）。开启"缩放"属性关键帧，关闭 "约束比例"，将参数设置为"100，

图2-69　导入"手机.psd"文件

0%"，创建第一个关键帧。将时间轴拖到第4秒5帧，参数设置为"100，100%"，设置第二个关键帧。选择两个关键帧，点击快捷键F9生成"缓动"曲线，开启 "运动模糊"，形成自上而下的缩放动画（图2-71）。

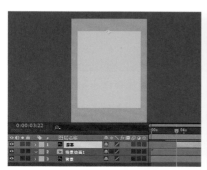
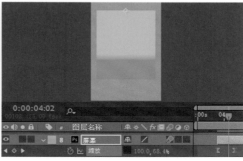

图2-70　拖入图层并调整锚点（1）　　　　图2-71　缩放动画（1）

④ 设置缩放动画。将"手机"图层拖入合成中，置于"屏幕"图层下方，将"时间入点"设置为4秒5帧，按住快捷键Ctrl并使用 "向后平移锚点工具"将锚点移动到图层上方（图2-72）。开启"缩放"属性关键帧，关闭 "约束比例"，将参数设置为"100，0%"，创建第一个关键帧。将时间轴拖到第4秒13帧，参数设置为"100，100%"，生成第二个关键帧。选择所有的关键帧，点击快捷键F9生成"缓动"曲线，开启 "运动模糊"，形成缩放动画（图2-73）。

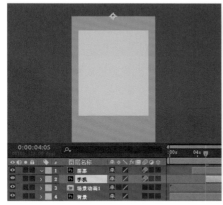

图2-72　拖入图层并调整锚点（2）　　　　图2-73　缩放动画（2）

⑤ 制作弹性动画。将"按键"图层拖入合成中，将"时间入点"设置为4秒15帧，使用 "向后平移锚点工具"将锚点调整到"按键"的中心（图2-74）。开启"缩放"属性关键帧，将参数设置为"0，0%"，创建第一个关键帧。将时间轴拖到第4秒18帧，参数设置为"120，120%"，生成第二个关键帧。将时间轴拖到第4秒21帧，参数设置为"100，100%"，生成第三个关键帧。选择三个关键帧，点击快捷键F9生成"缓动"曲线，开启 "运动模糊"，查看画面效果（图2-75）。

图2-74　拖入图层并调整锚点（3）　　　图2-75　制作弹性动画（1）

⑥ 制作弹性动画。将"听筒"图层拖入合成中，将"时间入点"设置为4秒21帧，使用 ▦ "向后平移锚点工具"将锚点调整到"听筒"的中心（图2-76）。开启"缩放"属性关键帧，参数修改为"0，100%"，创建第一个关键帧。将时间轴拖到第4秒24帧，参数修改为"120，100%"，生成第二个关键帧。将时间轴拖到第5秒2帧，参数修改为"95，100%"，生成第三个关键帧。将时间轴拖到第5秒5帧，参数修改为"100，100%"，生成第四个关键帧。选择4个关键帧，点击快捷键F9生成"缓动"曲线，开启 ▨ "运动模糊"，查看画面效果（图2-77）。

图2-76　拖入图层并调整锚点（4）　　　图2-77　制作弹性动画（2）

2.5.4 制作场景2出现动画

① 设置轨道遮罩。将"山3"图层拖入合成中，将"时间入点"设置为5秒5帧，选择"屏幕"图层并复制，命名为"屏幕遮罩1"。删除该图层的"缩放"关键帧，并置于"山3"图层上方，将"山3"图层的"轨道遮罩"设置为"Alpha遮罩"（图2-78），查看画面效果（图2-79）。

图2-78　设置轨道遮罩（2）　　　图2-79　查看画面效果（1）

② 设置关键帧动画。选择"山3"图层，将时间轴拖到第5秒5帧，开启"位置"属性关键帧，参数设置为"960，720"，创建第一个关键帧。将时间轴拖到第5秒15帧，参数设置为"960，540"，生成第二个关键帧（图2-80）。选择关键帧，点击快捷键F9生成"缓动"曲线，进入"图表编辑模式"，显示"速度曲线"，调整关键帧的控制柄，强化"缓动"动画效果（图2-81）。开启 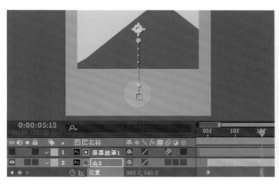 "运动模糊"，查看动画效果。

图2-80　设置关键帧（4）　　　　图2-81　调整曲线

③ 采用同样的方法制作动画。将"房屋"图层拖入合成中，将"时间入点"设置为5秒15帧。选择"屏幕"图层并复制，命名为"屏幕遮罩2"，置于"房屋"图层的上方。将"房屋"图层"轨道遮罩"设置为"Alpha遮罩"（图2-82）。选择"房屋"图层，将时间轴拖到第5秒15帧，开启"位置"属性关键帧，参数设置为"960，720"，创建第一个关键帧。将时间轴拖到第6秒，参数设置为"960，540"，生成第二个关键帧。选择两个关键帧，进入"图表编辑模式"，显示"速度曲线"，强化"缓动"曲线，并开启 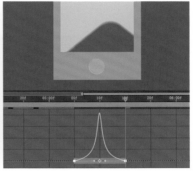 "运动模糊"，查看动画效果（图2-83）。

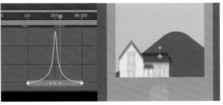

图2-82　设置轨道遮罩（3）　　　　图2-83　查看画面效果（2）

④ 制作动画。将"热气球"图层拖入合成中，将"时间入点"设置为第6秒，置于"山3"图层的下方。将时间轴拖到第6秒，开启"热气球"图层的"位置""缩放"属性关键帧，"位置"属性设置为"930，740"，"缩放"属性设置为"70，70%"，创建第一组关键帧。将时间轴拖到第7秒，"位置"属性设置为"960，560"，"缩放"属性设置"100，100%"，生成第二组关键帧（图2-84）。选择两组关键帧，点击快捷键F9生成"缓动"曲线，查看画面效果（图2-85）。

图2-84　设置关键帧（5）　　　图2-85　查看画面效果（3）

⑤ 修改细节，完成场景动画出现的效果（图2-86）。

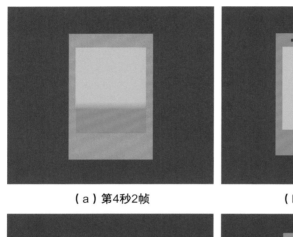

（a）第4秒2帧　　　　　　（b）第5秒10帧

（c）第5秒21帧　　　　　　（d）第6秒18帧

图2-86　最终场景转换动画效果

 小结

　　在制作MG动画之前，需要能够熟练掌握相关制作软件的使用方法，包括软件的基本设置、基本操作等，并掌握动画制作的理论和规律，包括MG动画常用的运动规律、转场方式等。设计师必须以设计软件基础和动画理论知识为根基，并不断地进行揣摩和反复练习，才能设计出优秀的MG动画作品。

采用遮罩工具制作手指滑动切换手机图片的动画效果（图2-87）。

图2-87 滑动切换手机图片动画案例

第**3**章 | MG高级动画

素质目标 ● 掌握科学的流程化工作方法；
培养精工细作、刻苦钻研的工作态度。
能力目标 ● 掌握MG高级动画制作的方法与技巧；
熟悉MG高级动画的设计步骤和创意表达原则。

制作MG动画时经常需要设计一些复杂的动画效果，如形变的图形动画、逼真的三维动画，以及柔软的角色动画、布料动画等，需要基于软件的指定工具和方式方法，才能制作出这些生动的MG高级动画效果。

3.1 形变动画

形变动画是MG动画中常用的动画表现方法，形变动画效果通常表现为由一种图形转换为另一种图形（图3-1）。在After Effects软件中通常使用形状图层构建各种形状并通过路径属性制作动画，这是形变动画的基本制作方法。

图3-1 形变动画

3.1.1 形状图层概述

形状图层是包含各种形状的矢量图形对象。以主工具栏的■"矩形工具"为例，在合成窗口中绘制一个矩形（图3-2），打开形状图层的"内容">"矩形"属性，其中包含"矩形路径""描边""填充""变换：矩形"等属性（图3-3），编辑这些属性可以制作出多样的形状变换效果。

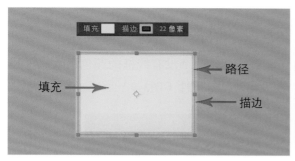

图3-2 绘制矩形

图3-3 "矩形"属性

（1）"路径"

形状图层的形状是由"路径"决定的，形状的改变是通过添加路径、编辑路径实现的。

选择形状图层后，可以通过 "形状工具"添加路径，或者用 "钢笔工具"直接绘制路径。当未选中任何图层时，使用 "形状工具"或者 "钢笔工具"制作路径，则会自动建立一个包含绘制路径的形状图层。

在设置"路径"关键帧时，每一个"路径"关键帧都代表着形状的形态，所以在制作形状路径动画时，只需要在关键帧上改变形状锚点的位置，After Effects软件就会自动产生补间帧动画（图3-4）。

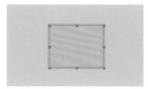
关键帧

补间帧

关键帧

图3-4 形状路径动画

以"绘制矩形"为例，展开"矩形路径"即显示路径的相关属性（图3-5）。位于"矩形路径"右侧的两个按钮可以控制路径的方向是正向还是反向。

以下为重要参数介绍。

"大小"：控制图形的尺寸。

"位置"：控制图形相对于创建位置的位移，初始值是（0.0）。

"圆度（矩形）"：控制矩形顶角的圆度。

图3-5 "矩形"属性

（2）"描边"

"描边"即描绘形状的边线。"描边"选项包括"无""纯色""线性渐变""径向渐变"等四种（图3-6）。若不使用描边，该形状就是一个没有线框的颜色色块。"描边"包含"合成""颜色""不透明度""描边宽度"等属性（图3-7）。

图3-6　"描边"选项　　　　　图3-7　"描边"属性

以下为重要参数介绍。

"合成"：控制描边的前后层级关系。

"颜色"：控制描边的颜色。

"不透明度"：控制描边的不透明度。

"描边宽度"：控制描边的宽度。

"线段端点"：控制描边线段端点的类型，包括"平头端点""圆头端点""矩形端点"。

"线段连接"：控制路径改变方向（转弯）时的外观形状，包括"斜接连接""圆角连接""斜面连接"。

（3）"填充"

"填充"即填满形状图层的内部颜色。"填充"选项包括"无""纯色""线性渐变""径向渐变"等四种（图3-8）。若选择"无"，该形状就是一个没有颜色色块的线框。展开"矩形">"填充"属性，可以查看"叠加模式"（默认为"正常"）（图3-9）。

图3-8　"填充"选项　　　　　图3-9　"填充"属性

以下为重要参数介绍。

"合成"：控制描边的前后层级关系。

"填充规则"：对于复杂的路径，当难以确认某一块区域是否在路径内部时，可以选择"非零环绕"和"奇偶"两种模式，并产生不同的结果。

"颜色"：控制填充的颜色。

"不透明度"：控制填充颜色的不透明度。

（4）"变换"

以"绘制矩形"为例，展开"变换：矩形"属性，其中的"锚点""位置""比例""旋转""不透明度"等属性与图层的"变换"中同名属性的含义相同，而"倾斜"和"倾斜轴"属性则是"变换：矩形"的特有属性（图3-10）。

以下为重要参数介绍。

"倾斜"：控制形状倾斜的程度。

"倾斜轴"：控制形状倾斜的基准轴方向。

图3-10　"变换"属性

3.1.2　案例实战：简单的形变动画

设计构思：本案例讲解在形状图层中制作图形形变动画的方法，主要使用设置路径关键帧的方法（图3-11），依据形状路径的功能特点，复制不同的路径并粘贴到不同的关键帧，实现形状路径的变化。

图3-11　简单的形变动画案例

本案例制作步骤如下。

① 打开After Effects软件，新建合成，预设选择"HDTV 1080 25"，命名为"基础形变动画"，持续时间设置为5秒（图3-12）。

图3-12　新建合成"基础形变动画"

图3-13　设置"正方形"图层属性

② 新建形状图层。点击"图层" > "新建" > "形状图层"，重命名为"正方形"。打开"正方形"图层的"内容"属性，点击"添加"后的 ▶ 按钮，在弹出的菜单中选择"矩形"，将"矩形路径" > "大小"属性参数设置为"400，400"（图3-13）。

③ 再次点击"添加"后的 ▶ 按钮，在弹出的菜单中选择"描边"，将"颜色"设置为白色（RGB：255，255，255），"描边宽度"设置为"2"（图3-14），在合成窗口中即显示矩形形状（图3-15）。

图3-14　添加"描边"

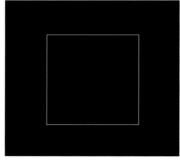

图3-15　显示矩形形状

④ 采用同样的方法制作圆形。选择"图层" > "新建" > "形状图层"，点击"添加"后的 ▶ 按钮，在弹出的菜单中选择"椭圆"，创建圆形。将图层的"内容" > "椭圆路径" > "大小"属性设置为"400，400"（图3-16）。再次点击"添加" > "描边"，在合成窗口中即显示圆形形状（图3-17）。

 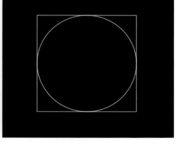

图3-16　创建椭圆　　　　　　图3-17　显示圆形形状

⑤ 设置路径转换。选择"正方形"图层的"内容">"矩形路径"，点击右键，在弹出的菜单中选择"转换为贝塞尔曲线路径"（图3-18），"矩形路径"即转换为"路径"。采用同样的方法将"圆形"图层的"圆形路径"转换为"路径"（图3-19）。

图3-18　选择"转换为贝塞尔曲线路径"　　图3-19　将"圆形"图层转换
　　　　　　　　　　　　　　　　　　　　为"路径"

⑥ 设置形变动画。选择"正方形"图层，将时间轴拖到第0帧，开启"路径"属性的关键帧，创建第一个关键帧（图3-20）。选择"圆形"图层的"路径"，点击快捷键Crtl+C复制，再次回到"正方形"图层的"路径"属性，将时间轴拖到第1秒，点击快捷键Ctrl+V粘贴，设置第二个关键帧（图3-21）。

图3-20　设置"路径"属性关键帧　　图3-21　复制并粘贴"路径"

⑦ 取消"圆形"图层的 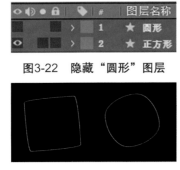 "显示"工具，隐藏图层（图3-22），拖动时间轴查看动画效果（图3-23）。

⑧ 导入文件。打开"文件" > "导入"，导入"熊猫"文件，并将该图层拖到时间轴面板中，查看合成窗口效果（图3-24）。

图3-22　隐藏"圆形"图层

图3-24　导入"熊猫"图层

图3-23　查看动画效果

⑨ 点击"图层" > "自动追踪"，在弹出的窗口中点击"确定"（图3-25），合成窗口中即出现熊猫的轮廓蒙版路径（图3-26）。

图3-25　点击"自动追踪"

图3-26　熊猫的轮廓蒙版路径

⑩ 将时间轴拖到第2秒，选择"熊猫"图层的"蒙版" > "蒙版路径"，点击快捷键Crtl+C复制路径（图3-27），再次回到"正方形"图层的"路径"属性，点击快捷键Ctrl+V粘贴，作为第三个关键帧。隐藏"熊猫"图层，拖动时间轴观看画面效果（图3-28）。

图3-27　复制路径

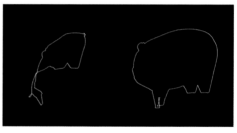

图3-28　观看画面效果

⑪ 显示实体效果。打开"正方形"图层的"内容"，点击"添加"后的 ▶ 按钮，在弹出菜单中选择"填充"

图3-29　添加"填充"属性　　　　图3-30　填充颜色

（图3-29），"填充颜色"设置为黄色（RGB：200，200，100）（图3-30）。

⑫ 查看最终动画效果（图3-31）。

 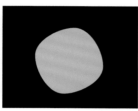  

（a）第8帧　　　　（b）第21帧　　　　（c）第1秒6帧　　　　（d）第1秒20帧

图3-31　最终形变动画效果

3.1.3　案例实战：几何体形变动画

设计构思：本案例讲解在形状图层中制作几何体形变动画的方法，主要使用形状路径、值图表等工具（图3-32）。在图形运动时赋予其趣味特性，增加预备动作和惯性动作，使其启动时向相反的方向运动，形成蓄力效果，在运动结束时，部分图形继续运动，形成惯性效果。制作难度是在运动时实现三角形和正方形的自然过渡，可以通过设置变速运动时在速度最高点切换两个图形的方法来实现。

图3-32　几何体形变动画案例

本案例制作步骤如下。

① 打开After Effects软件，导入"几何体形变动画初始文件.aep"文件。画面中包含一个"三角形"图层和一个"正方形"图层。其中，两个图形的路径已转换为"贝塞尔曲线路径"，"定位点"位于每个图层的中心（图3-33）。

▶ 视频教程 ◀

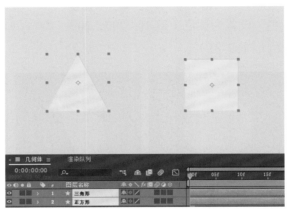

图3-33　打开文件

② 设置关键帧。选择"三角形"图层，将时间轴拖到第1秒12帧，打开"位置"属性关键帧，生成第一个关键帧（图3-34）。将时间轴拖到第1秒20帧，参数设置为"1400，580"，生成第二个关键帧（图3-35）。通过观看画面效果，发现图形的运动效果单调，为了使动画更加生动，可以添加预备动作和惯性动作，因此需要重新创建关键帧。

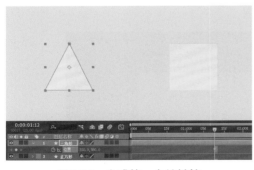

图3-34　生成第一个关键帧

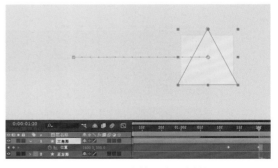

图3-35　生成第二个关键帧

③ 设置预备动作。选择"三角形"图层，删除之前创建的关键帧。将时间轴拖到第4帧，"位置"属性关键帧设置为"550，580"，创建第一个关键帧。将时间轴拖到第1秒12帧，参数设置为"530，580"，生成第二个关键帧（图3-36），图形在向右移动之前先向左移动，以此作为预备动作（图3-37）。

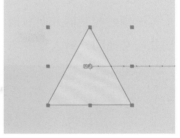

图3-36 设置关键帧

图3-37 画面效果

④ 设置惯性动作。将时间轴拖到第1秒20帧，"位置"参数修改为"1450，580"，生成第三个关键帧（图3-38），将时间轴拖到第3秒10帧，参数修改为"1400，580"，生成第四个关键帧（图3-39），图形向右移动之后再向左移动至"正方形"图层位置，以此作为惯性动作。

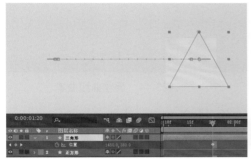

图3-38 生成第三个关键帧   图3-39 生成第四个关键帧

⑤ 选择"位置"属性，点击右键，在弹出的面板中选择"单独尺寸"，单独显示"X位置""Y位置"属性（图3-40）。选择所有的"X位置"关键帧，点击 ▣ "图表编辑器"进入"曲线编辑模式"，点击 ▣ "选择图表类型和选项"，在弹出的菜单中选择"编辑值图表"（图3-41）。

图3-40 单独显示"X位置""Y位置"   图3-41 选择"编辑值图表"

⑥ 设置值曲线。选择所有关键帧，点击快捷键F9生成"缓动"曲线（图3-42）。选择第一个关键帧的控制柄并向右拖动，最大程度地平缓"缓入"曲线。选择第四个关键帧的控制柄并向左拖动，最大程度地平缓"缓出"曲线（图3-43）。

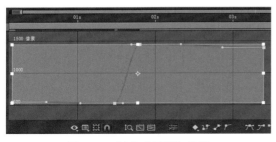

图3-42　创建"缓动"曲线

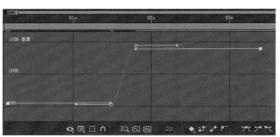

图3-43　平缓"缓入""缓出"曲线

⑦ 增加动态张力。选择第二个、第三个关键帧的控制柄，并分别调整曲线曲率，使三角形的运动更具有爆发力（图3-44）。

⑧ 加大动作幅度。选择"三角形"图层，将时间轴拖到第4帧，开启"旋转"属性关键帧，参数设置为"0x+0°"，

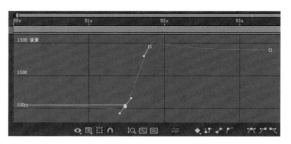

图3-44　调整曲线曲率

创建第一个关键帧。将时间轴拖到1秒12帧，参数设置为"0x-4°"，生成第二个关键帧（图3-45）。将时间轴拖到第1秒20帧，参数设置为"0x+5°"，生成第三个关键帧（图3-46）。将时间轴拖到第3秒10帧，参数设置为"0x+0°"，生成第四个关键帧，查看动画效果。

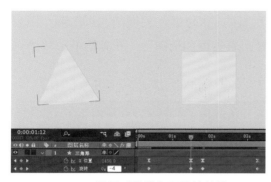

图3-45　设置"旋转"属性关键帧

图3-46　生成关键帧

⑨ 选择所有"旋转"属性关键帧，点击快捷键F9生成"缓动"曲线，打开"图表编辑模式"，选择"编辑值曲线"，查看值曲线（图3-47）。通过关键帧的控制柄调整曲线的曲率，实现平滑的动画效果（图3-48）。

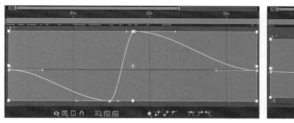

图3-47 生成"缓动"曲线

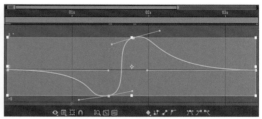

图3-48 调整曲线的曲率

⑩ 设置链接动画。将时间轴拖到第3秒10帧，选择"正方形"图层，使用 ◎ "父级关联器"将其链接到"三角形"图层（图3-49），使"正方形"图层跟随"三角形"图层运动，查看画面效果（图3-50）。

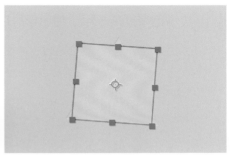

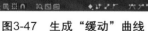

图3-49 链接图层（1）

图3-50 画面效果

⑪ 设置图层时间点。将"三角形"图层的"时间出点"设置为1秒15帧，将"正方形"图层的"时间入点"设置为1秒16帧（图3-51）。之所以选择1秒15帧和1秒16帧作为两个图层的过渡，是因为从速度曲线中观察，速度处于峰值状态，即速度最快状态，更容易实现动画过渡（图3-52）。

图3-51 设置图层"出点""入点"

图3-52 速度曲线

⑫ 设置关键帧。选择"三角形"图层，将时间轴拖到第1秒12帧，开启"路径"属性关键帧，创建第一个关键帧（图3-53），选择关键帧，点击快捷键F9设置为"缓动"。将时间轴拖到第1秒15帧，使用 ◤ "转换顶点工具"修改三角形的形状（移动顶点时，需要配合快捷键Ctrl），生成第二个关键帧（图3-54）。

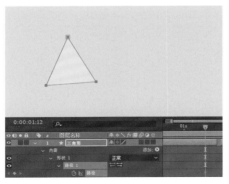
图3-53　创建第一个关键帧（1）

图3-54　创建第二个关键帧（1）

⑬ 选择"正方形"图层，首先将时间轴拖到第1秒20帧，创建第一个关键帧（图3-55），选择关键帧，点击快捷键F9设置为"缓动"。再将时间轴拖回到第1秒16帧，使用 "转换顶点工具"调整正方形形状，使图形的过渡更加自然，生成第二个关键帧（图3-56）。

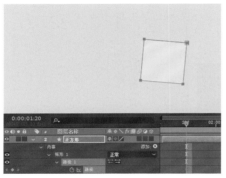
图3-55　创建第一个关键帧（2）

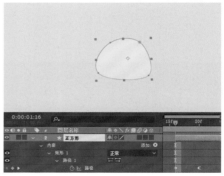
图3-56　创建第二个关键帧（2）

⑭ 优化细节。选择"正方形"图层，将时间轴拖到第2秒，点击 "在当前时间添加或删除关键帧"，创建第三个关键帧，并点击快捷键F9生成缓动效果（图3-57）。再次将时间轴拖回到第1秒20帧，使用 "转换顶点工具"调整正方形形状，形成图形的惯性运动效果（图3-58）。

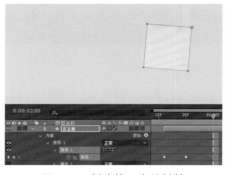
图3-57　创建第三个关键帧

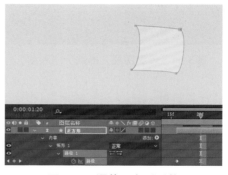
图3-58　调整正方形形状

⑮ 添加纹理效果。在主工具栏中选择📝 "钢笔工具"，关闭 "填充"，将 "描边颜色" 设置为红色（RGB：255，0，0），"描边宽度" 设置为 "3像素"，在画面中绘制形状，并命名为 "纹理"（图3-59）。开启时间轴面板中的 🔳 "保留基础透明度"，使用 💿 "父级关联器" 将 "纹理" 图层链接到 "三角形" 图层（图3-60）。

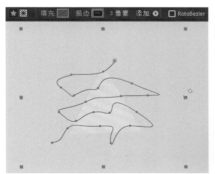

图3-59　绘制形状

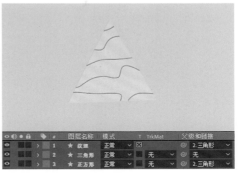

图3-60　链接图层（2）

⑯ 调整细节，形成最终动画效果（图3-61）。

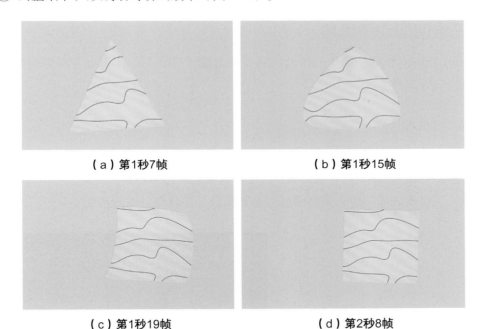

（a）第1秒7帧　　　　　　　　　　（b）第1秒15帧

（c）第1秒19帧　　　　　　　　　　（d）第2秒8帧

图3-61　最终几何体形变动画效果

3.2　三维图层动画

现在市面上有很多优秀的三维软件，可以形成各种各样的三维效果。After Effects虽然是一款后期处理软件，但也拥有模拟三维动画的相关工具，可以实现二维图层与三维图层的灵活转换，制作出生动的三维动画效果（图3-62）。

图3-62　三维动画效果

3.2.1　三维图层动画概述

在After Effects软件中制作三维动画需要开启⬚"3D图层"工具，并可以搭配"摄像机""灯光"等工具。

（1）"3D图层"

After Effects软件中，开启某一图层的⬚"3D图层"后，图层属性较"2D图层"会有所增加，包括"锚点Z轴""位置Z轴""几何选项"（图3-63）"材质选项"（图3-64）等。其中，"材质选项"用来调整图层的光影参数，并具有景深的透视变化。

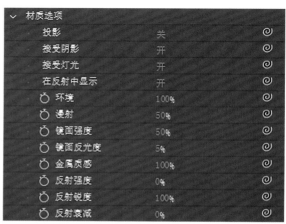

图3-63　"几何选项"　　　　　　　　图3-64　"材质选项"

提示 在三维立体空间中，经常用X、Y、Z坐标来表示物体在空间中所呈现的状态，这一概念来自数学体系。X、Y坐标呈现出二维空间，就是常说的长和宽。Z坐标体现三维空间，也就是所说的远和近。在三维空间中，可以通过对X、Y、Z三个不同方向的坐标值确定物体在三维空间中所在的位置。

① **创建三维图层**。选择某一图层，在时间轴面板中开启 ⊚ "3D图层"工具，或者选择"图层"菜单>"3D图层"命令，该图层即转换成三维图层。以"纯色"图层为例，开启 ⊚ "3D图层"，合成窗口的图层上出现一个"三维坐标控制器"（图3-65），其中，红色箭头代表X轴（水平），绿色箭头代表Y轴（垂直），蓝色箭头代表Z轴（深度）。

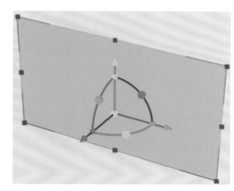

图3-65 "三维坐标控制器"

② **三维图层基本操作**。在图层转换为三维图层后，原来的图层属性会增加参数，用以控制三维空间中的运动。以"位置"属性为例，会生成x、y、z三个坐标轴属性值，可以调整三个坐标轴的值使其移动，也可以使用鼠标在合成窗口中直接拖曳移动坐标轴。将鼠标靠近某一坐标轴时，鼠标图标上会出现该坐标轴的值，拖动鼠标就可以实现在单一方向的移动（图3-66）。

开启三维图层时，"方向"属性会细分成"X轴旋转""Y轴旋转""Z轴旋转"三个值。如果需要操作"旋转"，可以在合成窗口中直接操纵坐标轴（图3-67），如果需要精确控制旋转角度，可以在时间轴输入数值进行精确调整。

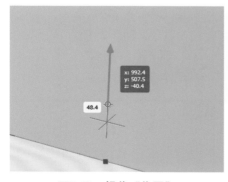

图3-66 操作"位置"

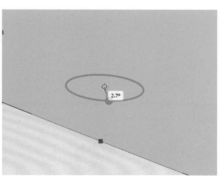

图3-67 操作"旋转"

③ **观察3D图层**。常规的2D图层中，各个图层会按照在时间轴面板中的顺序依次显示，也就是说图层顺序越靠上，在合成窗口中就会越靠前显示。当图层开启3D图层时，

图层的前后完全取决于它在3D空间中的坐标值（图3-68）。

（a）2D图层效果　　　　　　　　（b）3D图层效果

图3-68　画面显示效果

开启 "3D图层" 时需要通过不同的角度来设置图层之间的关系。单击合成窗口中的 "活动摄像机" 按钮，在弹出的 "3D视图菜单" 中选择不同的视图角度（图3-69），也可选择 "视图" > "切换3D视图" 命令切换视图。默认选择的视图为 "活动摄像机"，其他视图还包括六种不同方位视图和三个自定义视图。

在合成窗口面板中可以同时打开多个视图，从不同的角度观察画面，单击 "视图布局" 按钮，在弹出菜单中选择 "4个视图"（图3-70）。此外，自CC版本开始，After Effects软件加入了Cinema 4D渲染器，大幅地提升了软件的三维功能，从而在MG动画设计中确立了功能优势。

图3-69　"3D视图菜单"

图3-70　"视图布局"

（2）"摄像机"

制作MG动画时，可能会需要运用一个或多个摄像机查看场景或制作动画。"摄像机"工具不仅可以模拟真实摄像机的光学特性，更能突破真实摄像机在现实中受到的三脚架、重力等条件制约，在空间中任意操作和设置等（图3-71）。

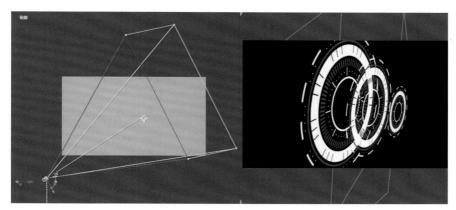

图3-71　"摄像机"应用

① **创建摄像机。** 未创建"摄像机"之前，合成窗口中存在一个默认的摄像机。在创建"摄像机"时，如果没有预先开启"3D图层"工具，那么软件会自动提示：摄像机和灯不影响2D图层。请选择图层并从菜单中选择"图层"＞"3D图层"。

创建"摄像机"可以在时间轴面板单击鼠标右键选择"新建"＞"摄像机"，也可以执行"图层"菜单＞"新建"＞"摄像机"命令，或者点击快捷键Ctrl+Shift+Alt+C，即可开启"摄像机设置"对话框（图3-72）。

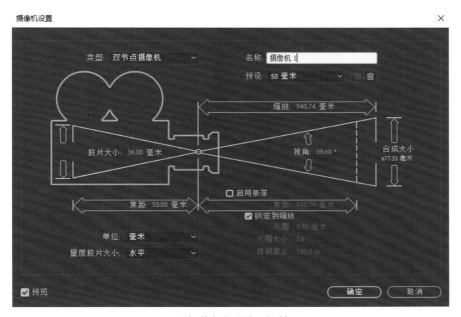

图3-72　"摄像机设置"对话框

② **摄像机设置参数**。"摄像机设置"的重要参数解释如下。

"类型"：指摄像机的类型，分别是单节点摄像机（只有控制摄像机位置的一个节点）、双节点摄像机（有控制摄像机位置和被拍摄目标点位置的两个节点）。

"名称"：修改摄像机的名称。

"预设"：摄像机预置。提供了9种常见的摄像机镜头，包括标准的35mm镜头、15mm广角镜头、200mm长焦镜头以及自定义镜头等。35mm标准镜头的视角类似于人眼。

"缩放"：设置摄像机到图像之间的距离，缩放值越大，通过摄像机显示的图层就越大，视野范围也越小。

"视角"：调节视角位置，角度越大，视野越宽；角度越小，视野越窄。

"焦距"：焦距是指胶片与镜头的距离。焦距短，产生广角效果；焦距长，产生长焦效果。

"景深"：是否启用景深功能，配合焦点距离、光圈、快门速度和模糊程度参数来使用。

③ **摄像机操作**。在时间轴面板中，可以通过设置"摄像机"图层属性进行操作。例如，设置摄像机的位置、视角、焦距、光圈等参数，使摄像机的镜头效果产生变化。具体创建摄像机动画时，选择"摄像机"图层的"位置""方向"或"焦距"等属性在时间轴上创建关键帧即可。"摄像机"运动曲线的设置同其他类型图层的设置一样，进入"图形编辑"模式，在曲线编辑器中根据需求调整关键帧和运动曲线等（图3-73）。

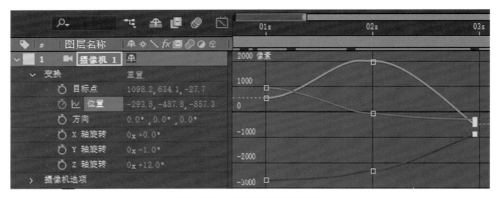

图3-73　"图表编辑"模式

此外，需要调整"摄像机"视角时，可以在工具栏中点击■"摄像机工具"，即可在合成窗口中拖动、缩放和旋转场景，自由调整摄像机的视角。

3.2.2　案例实战：时空穿梭文字

设计构思：本案例讲解利用 ⬡ "3D图层"工具制作时空穿梭文字效果的方法，主要通过设置图层变换属性等进行制作（图3-74）。首先创建单个平面的文字动画效果，再开启 ⬡ "3D图层"工具，复制出多个平面并调整变换属性模拟三维空间效果。

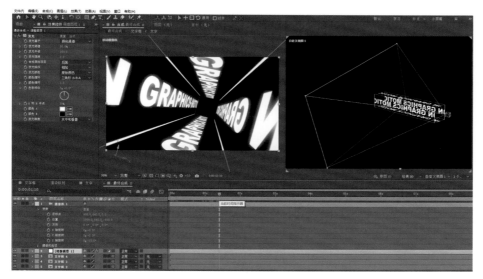

图3-74 时空穿梭文字案例

本案例制作步骤如下。

① 打开After Effects软件，新建合成并命名为"文字框"，将"宽度"设置为"200px（像素）"，"高度"设置为"1080px（像素）"，"帧速率"设置为"25帧/秒"，"持续时间"设置为10秒（图3-75）。

▶ 视 频 教 程 ◀

图3-75 新建合成"文字框"

② 输入文字。选择"直排文字"工具，在合成窗口输入文字"MOTION GRAPHICS"，将"字体"设置为"Arial"，"字体样式"设置为"Black"，"字号"设置为"100像素"，"颜色"设置为白色（RGB：255，255，255）（图3-76）。点击快捷键

Ctrl+Alt+Home将锚点置于文字中心，再点击快捷键Ctrl+Home，使文字图层中心对齐到合成窗口。选择文字图层，点击快捷键Ctrl+Shift+C生成预合成，命名为"文字"（图3-77）。

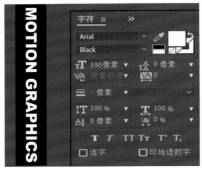

图3-76 输入文字　　　　　　　　图3-77 生成预合成"文字"

③ 在"效果和预设"栏搜索"自动滚动"（图3-78），选择"自动滚动-垂直"并添加到"文字"合成，在效果控件面板将"速度（像素/秒）"参数设置为"–250"（图3-79）。

图3-78 搜索"自动滚动"　　　图3-79 设置参数

④ 新建形状图层，重命名为"直线"，关闭"填充"，将"描边"设置为"纯色"，颜色为白色（RGB：255，255，255），"描边宽度"设置为"5像素"，选择 "钢笔工具"，按住快捷键Shift在画面中自上而下绘制直线（图3-80）。

⑤ 选择"直线"图层，点击快捷键Ctrl+Alt+Home将锚点置于图层中心。再点击快捷键Ctrl+Home，使"直线"图层中心对齐到合成窗口（图3-81）。

⑥ 打开"直线"图层的"位置"属性，将参数设置为"0，540"。点击快捷键Ctrl+D

图3-80 绘制直线　　图3-81 锚点置于
图层中心

复制一层，重命名为"直线2"，将"位置"属性设置为"200，540"（图3-82），两条直线图层位于合成窗口的两侧（图3-83）。

⑦ 新建形状图层，重命名为“直线3”，关闭“填充”，将“描边”设置为“纯色”，颜色为白色（RGB：255，255，255），“描边宽度”设置为“10像素”。使用“钢笔工具”，按住快捷键Shift在画面中绘制直线，点击快捷键Ctrl+Alt+Home使锚点置于图层中心，再点击快捷键Ctrl+Home，使图层中心对齐到合成窗口（图3-84）。

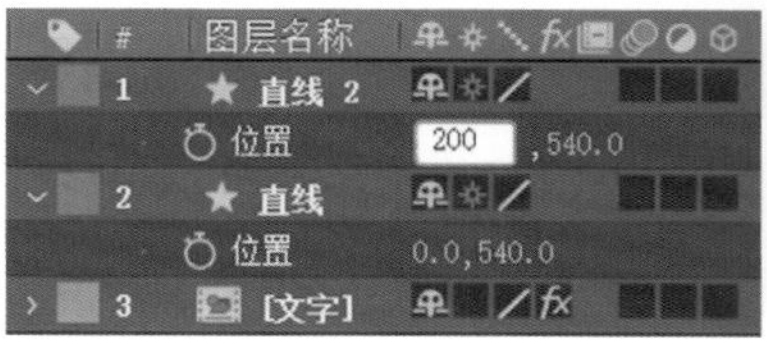

图3-82 “位置”属性设置

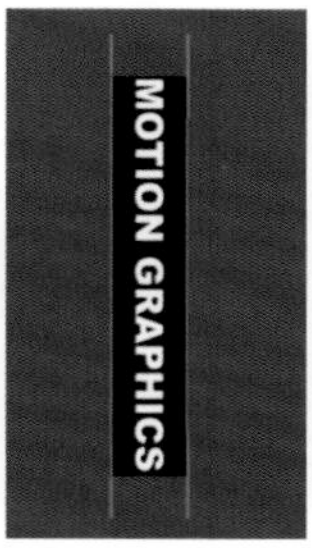

图3-83 查看画面效果（1）

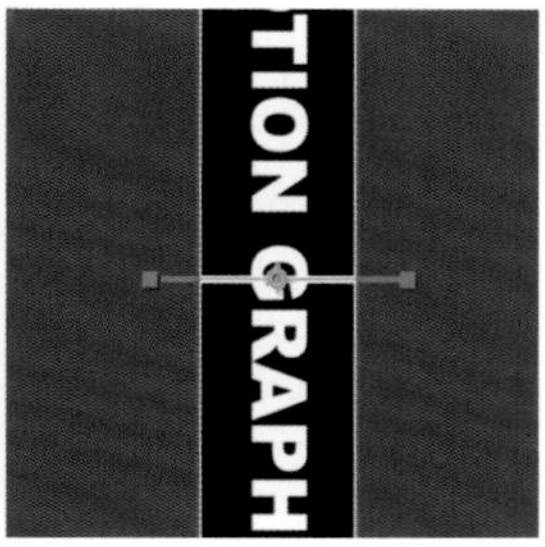

图3-84 创建直线

⑧ 打开“直线3”图层的“位置”属性，参数设置为“100，0”，将直线置于合成窗口的上方（图3-85）。点击快捷键Ctrl+D复制一层，重命名为“直线4”，将“位置”属性设置为“100，1080”，置于图层合成窗口的下方（图3-86）。

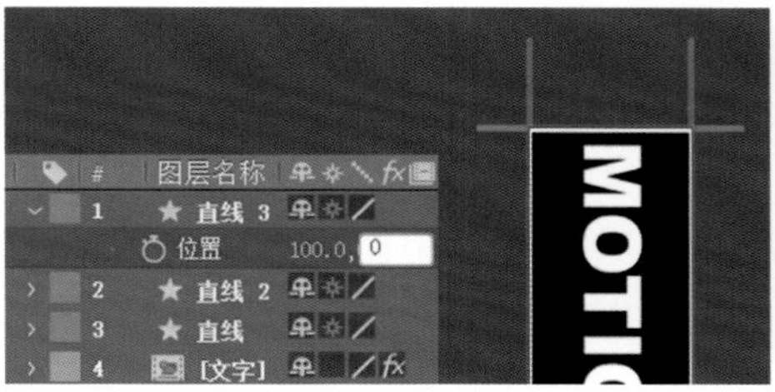

图3-85 设置“直线3”图层

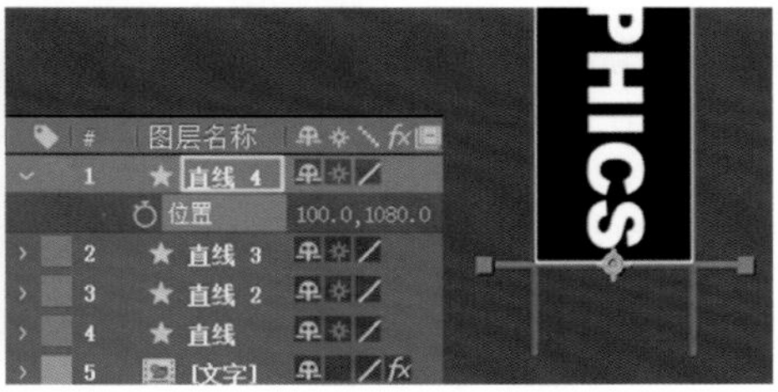

图3-86 设置“直线4”图层

⑨ 新建合成，“预设”设置为“HDTV 1080 25”，命名为“最终合成”（图3-87）。将“文字框”合成拖入“最终合成”中，并点击快捷键Ctrl+D复制三次，依次命名为“文字框1”“文字框2”“文字框3”“文字框4”（图3-88）。

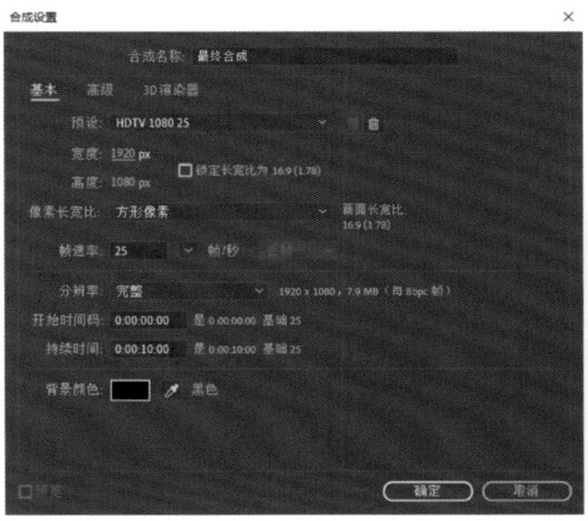

图3-87 新建合成

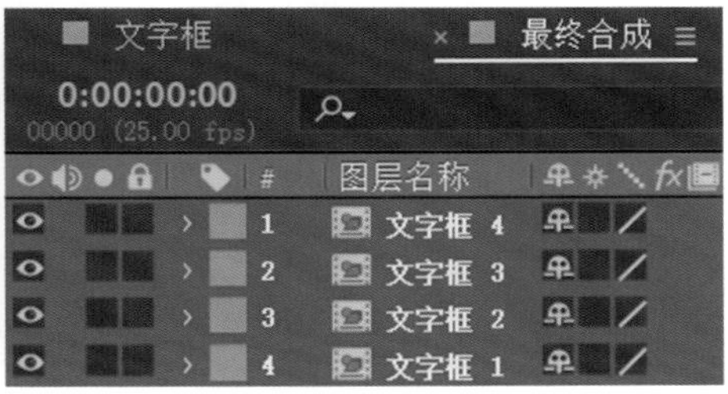

图3-88 复制合成

⑩ 选择所有图层并点击"3D图层"，开启三维图层效果。将合成窗口右下角的"3D视图菜单"设置为"自定义视图1"（图3-89），"视图布局"设置为"2个视图"（图3-90）。

⑪ 设置合成参数。将"文字框1"合成的"X轴旋转"设置为"0x+90°"（图3-91）。将"文字

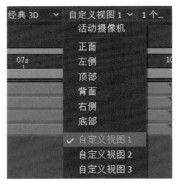

图3-89 选择"自定义视图1"　图3-90 选择"2个视图"

框2"合成的"位置"属性设置为"860，640，0"，"方向"属性设置为"0°，180°，0°"，"X轴旋转"设置为"0x-90°"，"Y轴旋转"设置为"0x+90°"（图3-92）。

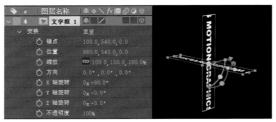

图3-91 设置"文字框1"参数

图3-92 设置"文字框2"参数

⑫ 将"文字框3"合成的"位置"属性设置为"1060，640，0"，"X轴旋转"设置为"0x+90°"，"Y轴旋转"设置为"0x-90°"（图3-93）。将"文字框4"合成的"位置"属性设置为"960，740，0"，"X轴旋转"设置为"0x+90°"，"Y轴旋转"属性设置为"0x+180°"（图3-94）。

图3-93 设置"文字框3"参数

图3-94 设置"文字框4"参数

⑬ 创建摄像机。点击快捷键Ctrl+Shift+Alt+C快速创建"摄像机"图层，在"摄像机设置"面板中将"预设"设置为"24毫米"（图3-95），并点击"确定"。选择合成窗口中左边的视图，将"3D视图菜单"设置为"摄像机"，查看画面效果（图3-96）。

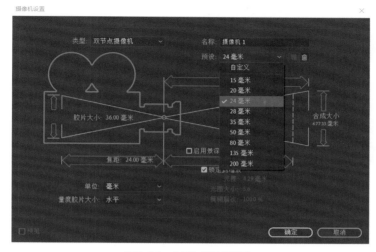

图3-95　创建"摄像机"

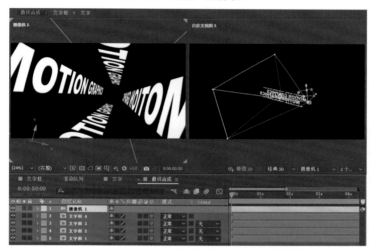

图3-96　查看画面效果（2）

⑭ 设置"摄像机"参数。将"目标点"属性设置为"900，640，0"，"位置"属性设置为"1000，640，－600"，"Z轴旋转"设置为"0x-15°"（图3-97）。

⑮ 设置发光效果。点击快捷键Ctrl+Alt+Y快速创建"调整图层"，添加"效果">"风格化">"发光"，修改参数，将"发光阈值"设置为"60%"，"发光半径"设置为"100"，"发光强度"设置为"2"（图3-98）。

图3-97　设置"摄像机"参数

图3-98　设置"调整图层"参数

⑯ 修改细节，查看最终动画效果（图3-99）。

（a）第5帧　　　　　　　　　　　　（b）第1秒10帧

图3-99　最终时空穿梭文字动画效果

3.2.3 案例实战：手机旋转动画

设计构思：本案例讲解利用"3D图层"制作三维手机旋转动画的方法，主要使用Ciname 4D渲染器工具、形状图层属性工具制作（图3-100）。开启Ciname 4D渲染器后，可以为形状图层添加"凸出深度""前景色""背景色"等属性工具，再通过调整图层的变换属性制作图层在三维空间的拼接效果。

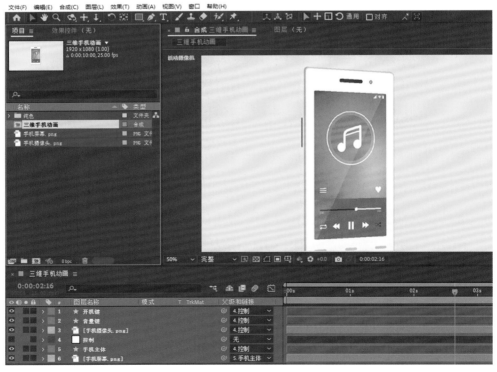

图3-100　手机旋转动画案例

本案例制作步骤如下。

① 打开After Effects软件,新建合成并命名为"三维手机动画",将"预设"设置为"HDTV 1080 25","持续时间"设置为"10秒"(图3-101)。导入"手机屏幕""手机摄像头"文件。将"手机屏幕"文件拖到合成窗口,点击快捷键Ctrl+Home将文件置于画面中心(图3-102)。

▶ 视频教程 ◀

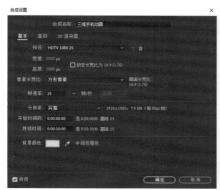

图3-101　新建合成"三维手机动画"

图3-102　导入文件

② 新建形状图层,命名为"手机主体",在主工具栏选择■"圆角矩形工具",将"填充"的颜色设置为灰色(RGB:220,220,220),关闭"描边",在合成窗口绘制圆角矩形(图3-103)。打开"内容">"矩形">"矩形路径",关闭"大小"属性的⬭"约束工具",将参数设置为"340,650","位置"设置为"0,0","圆度"设置为"12"(图3-104),点击快捷键Crtl+Alt+Home,使锚点置于图形中心,再点击快捷键Ctrl+Home将图层置于画面中心,使圆角矩形与"手机屏幕"文件重合。

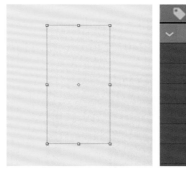

图3-103　绘制圆角矩形

图3-104　参数设置

③ 打开"合成">"合成设置",选择"3D渲染器"栏,"渲染器"选择"CINEMA 4D"(图3-105)。点击"选项"按钮,在弹出的面板中将"品质"调整为"99",点击"确定"关闭面板(图3-106)。

图3-105　设置"渲染器"　　　　　　图3-106　设置"品质"

④ 设置厚度。开启"手机主体"图层的  "3D图层"，打开"几何选项"属性，"凸出深度"设置为"30"（图3-107），通过调整"Y轴旋转"参数查看图层的厚度效果（图3-108）。

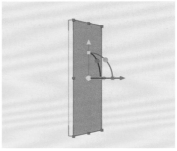

图3-107　设置厚度　　　　　　图3-108　查看图层的厚度效果

⑤ 设置主体图层颜色。点击"矩形1"，再点击"内容">"添加"后的 按钮，在弹出菜单中选择"前面">"颜色"，将"正面颜色"设置为深灰色（RGB：150，150，150）（图3-109）。再次点击"内容">"添加"后的 按钮，在弹出菜单中选择"背面">"颜色"，将"背面颜色"设置为浅灰色（RGB：240，240，240）（图3-110）。

图3-109　设置"前面"颜色　　　　　　图3-110　设置"背面"颜色

⑥ 创建控制图层。点击快捷键Ctrl+Alt+Shift+Y新建"空对象"，命名为"控制"，开启"控制"图层的 "3D图层"。使用 "父子链接"工具将"手机主体"图层链接到

"控制"图层（图3-111）。开启"手机屏幕"图层的  "3D图层"，将"手机屏幕"图层父子链接到"手机主体"图层（图3-112），此时"空对象"图层就可以带动其他图层的运动。

图3-111 链接到"控制"图层（1）

图3-112 链接到"手机主体"图层

⑦ 修改画面错误。当进行"控制"图层的"Y轴旋转"时，发现画面中出现栅格错误，这是因为"手机屏幕"与"手机主体"的画面重叠，可以通过调整Z轴坐标修正错误（图3-113）。选择"手机屏幕"图层，将"锚点"属性的"Z轴"参数修改为"1"，再次检查画面效果（图3-114）。

图3-113 画面重叠效果

图3-114 修改Z轴参数（1）

⑧ 设置手机背面。将合成窗口的"3D视图菜单"切换到"背面"，此时画面中显示的是手机背面。将"手机摄像头"图层拖入时间轴窗口，并开启图层的  "3D图层"，将"位置"属性设置为"1010，340，0"（图3-115），使用"父子链接"工具将"手机摄像头"图层链接到"控制"图层（图3-116）。

图3-115 设置"位置"属性

图3-116 链接到"控制"图层（2）

⑨ 设置手机侧面。将"3D视图菜单"切换到"左侧"，此时画面中显示的是手机侧面。选择"手机摄像头"图层，将"位置"属性的Z轴参数修改为"31"（因为"手机主体"图层厚度为"30"，为了防止面的重叠，所以将参数调整成"31"）（图3-117），查看画面效果（图3-118）。

图3-117 修改Z轴参数（2）　　　图3-118 侧面画面效果

⑩ 制作音量键。将"3D视图菜单"切换到"右侧"。新建形状图层，命名为"音量键"，"填充"颜色为深灰色（RGB：80，80，80），关闭"描边"，在主工具栏中选择■"圆角矩形"工具，创建圆角矩形。创建完成后，点击快捷键Ctrl+Alt+Home将锚点移动到形状图层中心（图3-119）。

⑪ 将"3D视图菜单"切换到"正面"视图，开启图层的 ⊙ "3D图层"，将Y轴旋转设量置为"0x+90°"，将"音量键"图层的"位置"设置为"1131，400，15"（图3-120）。

图3-119 绘制音量键

⑫ 制作开机键。选择"音量键"图层并复制一层，命名为"开机键"图层，将图层的"位置"属性设置为"789，450，15"，将"音量键""开机键"图层链接到"控制"图层，查看效果（图3-121）。

图3-120 设置X轴参数　　　　图3-121 制作开机键

⑬ 设置关键帧。将时间轴拖到第0帧，打开"控制"图层的"Y轴旋转"属性关键帧，创建第一个关键帧。将时间轴拖到第3秒，参数修改为"2x+0°"，作为第二个关键帧。将视图切换到"活动摄像机"，查看画面效果（图3-122）。

（a）第11帧　　　（b）第21帧　　　（c）第1秒8帧　　　（d）第2秒7帧

图3-122 最终手机旋转动画效果

3.3 柔体动画

柔体动画主要使用"人偶控点"工具制作，可以制作角色类动画效果，也可以制作衣服、布料、头发等变形动画效果（图3-123）。

3.3.1 人偶控点工具概述

人偶控点工具组中包含五种控点工具类型，每种工具各有特点，决定了应用对象的运动方式（图3-124）。同时，主工具栏会显示人偶控点的"网格"工具和"记录选项"（图3-125）。

（1）人偶控点工具介绍

以下是人偶控点工具的具体介绍。

① **"人偶位置控点工具"**。用于设置移动效果，可以使图形发生弯曲变形，在合成窗口以黄色点表示（图3-126）。所有添加的控点都在时间轴面板中的"效果">"操控">"网格">"变形"属性组中。

重要参数解释如下。

"显示"：决定是否显示网格（图3-127）。

图3-123　人偶控点动画

图3-124　人偶控点工具组　图3-125　"网格"和"记录选项"

图3-126　"人偶位置控点工具"

图3-127　"网格"显示

"扩展"：决定网格线的范围。一般以稍微超出为准。如果想做一个整体运动，可增大扩展值，直到网格覆盖所需要的区域。

"密度"：决定网格中包含的三角形的多少。值越大，变形的边缘越平滑。

② **"人偶固化控点工具"**。也称"扑粉"控点，用于设置固化效果，受固化的部分不易发生弯曲变形，在合成窗口中以红色点表示。固化控点越密集，网格中的三角形也就越密集。如果需要某个区域保持不变形，则应在此区域上添加更多的固化控点（图3-128）。

③ "人偶弯曲控点工具"。用于设置弯曲效果，允许对图像的某个部分进行缩放、旋转，同时又不改变位置。在具体操作时，将鼠标置于圆上方块用于缩放，将鼠标置于圆周可用于旋转。需要注意的是，使用弯曲控点实现缩放或旋转时，建议再添加一个弯曲控点来辅助控制影响范围（图3-129）。

④ "人偶高级控点工具"。用于设置完全控制部分图像的缩放、旋转及位置等效果。在合成窗口中以绿色点表示。其中，中心点可改变控点位置，圆上的方块用于缩放，将鼠标置于圆周时可以旋转。同弯曲控点一样，添加同类型的高级控点更利于控制影响范围（图3-130）。

图3-128　"人偶固化控点工具"　　图3-129　"人偶弯曲控点工具"　　图3-130　"人偶高级控点工具"

⑤ "人偶重叠控点工具"。用于设置重叠区域的效果，变形后发生区域重叠时，用来决定哪一部分在前面。在合成窗口中以蓝色点表示。具体应用时，首先要在原网格线上确定可能重叠的区域，可直接拖动控点改变影响的区域（图3-131）。

其他操作点都属于变形属性组，而重叠控点属于重叠属性组，可能需要额外打关键帧。重要参数解释如下。

"前面"：值为100%，完全显示在前面。值为-100%，完全显示在后面。

图3-131　"人偶重叠控点工具"

"程度"：在网格上影响范围的大小。亮色覆盖表示在前，暗色覆盖表示在后。

（2）人偶控点动画

使用人偶控点工具制作变形动画，其方法就是在时间轴面板上设置各个控点的"位置""旋转"或"缩放"等属性的关键帧。实现的方法有两种。

第一种是手动法。即常规的设置关键帧方法，先设置时间轴的时间，再改变控点的"位置""旋转"或"缩放"等属性。

第二种是自动法。当使用"人偶位置控点工具"时，按住快捷键Ctrl拖曳控点即可激活"人偶草绘工具"，时间轴会自动记录控点的运动并生成关键帧（图3-132），释放鼠标后时间轴会停止记录，并返回起始位置。

其中，选择"人偶位置控点工具"，在工具栏右侧点击"记录选项"，即可打开"操控录制选项"面板，设置录制时的播放速度和平滑值等（图3-133）。速度值较小时，播放速度较慢，可以录制出更密集的关键帧。此外，"人偶草绘工具"可以记录一个控点的运动路径，也可以记录多个控点的运动路径。

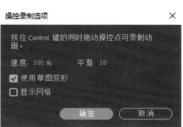

图3-132　自动记录关键帧　　　　　图3-133　"操控录制选项"面板

3.3.2 案例实战：士兵挥动武器动画

设计构思：本案例讲解如何利用人偶控点工具制作古代士兵挥舞武器的动画效果，主要采用"人偶位置控点工具"等制作（图3-134）。在需要制作动画的图层部分设置"人偶位置控点工具"，并合理地设置网格数值，同时要固定不需要移动的图层

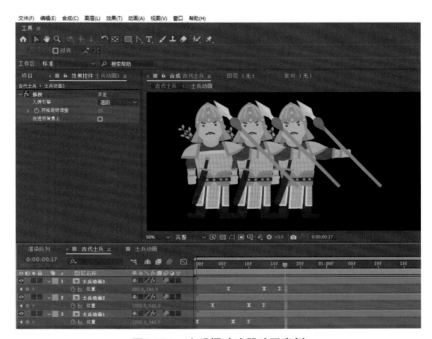

图3-134　士兵挥动武器动画案例

部分，实现合理的动画效果。

本案例制作步骤如下。

① 打开After Effects软件，导入"古代士兵.psd"文件，"导入类型"选择"合成"，进入"古代士兵"合成，查看画面效果（图3-135）。

图3-135　导入文件"古代士兵.psd"

② 设置合成。选择"武器"图层，"位置"属性设置为"840，540"，将武器移动到士兵的手部（图3-136）。选择"士兵""武器"两个图层，点击快捷键Ctrl+Shift+C生成预合成，并命名为"士兵动画"（图3-137）。

图3-136　绘制图层

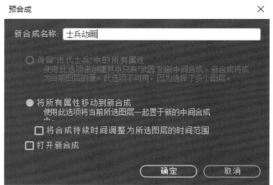

图3-137　设置合成

③ 创建控点。选择"士兵动画"合成，在主工具栏选择 ✦ "人偶位置控点工具"，在合成窗口的士兵手臂处创建三个控点。打开"士兵"图层的"效果"＞"操控"＞"网

格">"变形"属性，将控点依次重命名为"手部""肘部""肩部"（图3-138）。

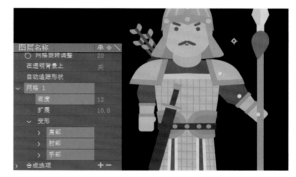

图3-138　创建控点

④ 校正控点。在合成窗口中移动"肘部"控点时，发现武器产生变形（图3-139），为解决这种问题，需要调整控点的控制范围。在主工具栏的"网格"工具栏中勾选"显示"前的复选框，将"扩展"参数设置为"0"，此时控点的作用范围只限于角色手臂，武器呈现正确的显示效果（图3-140）。

图3-139　武器产生变形

图3-140　正确显示效果

⑤ 添加控点。移动"肘部"控点时，角色整体发生旋转，需要限制角色动画（图3-141）。在角色脚部创建两个 📌 "人偶位置控点工具"，分别命名为"左脚""右脚"，再次移动"肘部"控点时，角色不会再发生位移（图3-142）。

图3-141　角色旋转

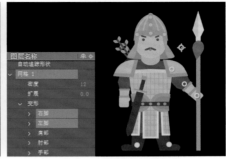

图3-142　创建脚部控点

⑥ 设置关键帧。将时间轴拖到第0帧，在合成窗口中依次选择角色"手部""肘部"控点进行位移，使武器向角色的左侧移动，作为第一个关键帧（控点的关键帧是默认开启的）（图3-143）。将时间轴拖到第5帧，选择角色"手部""肘部"控点进行位移，使

武器置于人体的右侧，作为第二个关键帧（图3-144）。

⑦ 调整运动路径。启用  "转换顶点工具，选择"手部"控点，将运动路径修改为直线（图3-145）。选择"肘部"控点，同样修改为直线（此处手臂运动幅度较小，使用直线运动即可，如果大范围移动，则需要修改为曲线运动）（图3-146）。

⑧ 选择创建的四个关键帧，点击快捷键Ctrl+C进行复制，将时间轴拖曳到第20帧并点击快捷键Ctrl+V粘贴。同理，再次将时间轴拖曳到第1秒15帧、第2秒10帧、第3秒5帧（每次间隔20帧）等继续粘贴，形成循环动画（图3-147）。

图3-143　设置第一个关键帧

图3-144　设置第二个关键帧

图3-145　"手部"控点运动路径

图3-146　"肘部"控点运动路径

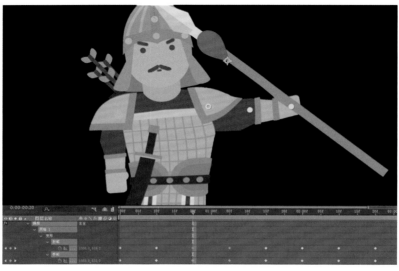

图3-147　复制关键帧并粘贴

⑨ 设置关键帧。选择"士兵动画"合成并复制两次，将三个合成分别重命名为"士兵动画1""士兵动画2""士兵动画3"（图3-148）。同时选中三个合成，将时间轴拖到第0帧，开启"位置"属性关键帧，将"士兵动画1"的"位置"修改为"−300，540"，"士兵动画2"的"位置"修改为"−500，540"，"士兵动画3"的"位置"修改为"−700，540"，使士兵位移到合成窗口左侧，作为第一组关键帧（图3-149）。

图3-148 复制合成

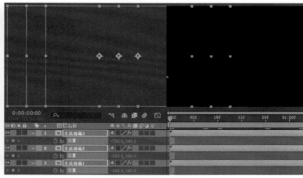
图3-149 设置第0帧关键帧

⑩ 将时间轴拖到第7帧，"士兵动画1"的"位置"修改为"1250，540"，"士兵动画2"的"位置"修改为"1050，540"，"士兵动画3"的"位置"修改为"850，540"，作为第二组关键帧（图3-150）。将时间轴拖到第10帧，"士兵动画1"的"位置"修改为"1200，540"，"士兵动画2"的"位置"修改为"1000，540"，"士兵动画3"的"位置"修改为"800，540"，作为第三组关键帧（图3-151）。选择所有关键帧，并点击快捷键F9修改为"缓动"，查看动画效果。

图3-150 设置第7帧关键帧

图3-151 设置第10帧关键帧

⑪ 选择"士兵动画2"合成的"位置"属性的三个关键帧，同时向后拖曳3帧（图3-152）。选择"士兵动画3"的"位置"属性的三个关键帧，同时向后拖曳6帧（图3-153），生成角色前后依次进入的动画效果。

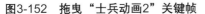

图3-152　拖曳"士兵动画2"关键帧

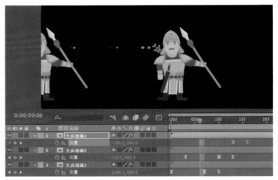

图3-153　拖曳"士兵动画3"关键帧

⑫ 开启"士兵动画1""士兵动画2""士兵动画3"合成的  "运动模糊"效果，查看动画效果（图3-154）。

（a）第4帧

（b）第7帧

（c）第11帧

（d）第17帧

图3-154　动画效果

3.3.3 案例实战：衣服飘动动画

设计构思：本案例讲解如何利用人偶控点工具制作衣服飘动的动画效果，主要采用"人偶位置控点工具"等制作（图3-155）。首先需要在图层的关键位置设置"人偶位置控点工具"，其次要通过设置"人偶位置控点工具"关键帧拉伸图形，形成风力吹动的效果。

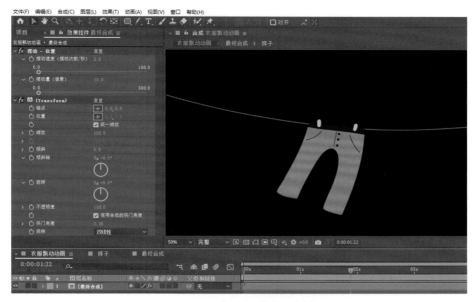

图3-155　衣服飘动动画案例

本案例制作步骤如下。

① 打开After Effects软件，导入"衣服飘动动画初始文件.aep"文件，查看画面效果。其中，图层采用钢笔路径绘制，由裤子、夹子、绳子等图层组成（图3-156）。

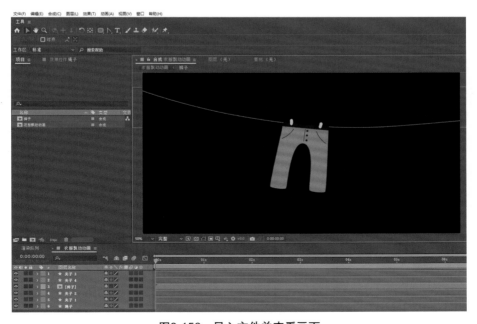

图3-156　导入文件并查看画面

② 创建锚点。选择"裤子"合成，使用 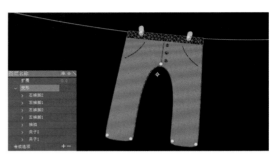 "人偶位置控点工具"在合成窗口创建7个控点，分别在夹子、裤裆、裤脚位置，将控点依次命名为"夹子1""夹子2""裤裆""左裤脚1""左裤脚2""右裤脚1""右裤脚2"（图3-157）。

图3-157　创建锚点

③ 设置关键帧。将时间轴拖到第0帧，分别选择"裤裆""左裤脚1""左裤脚2""右裤脚1""右裤脚1"5个控点进行位移，形成被风吹动的动画，作为第一组关键帧（图3-158）。将时间轴拖到第5帧，再次选择这5个控点往右移动，形成裤子垂下的效果，作为第二组关键帧（图3-159）。

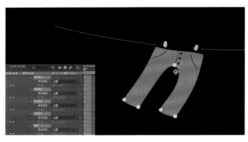

图3-158　设置第一组关键帧

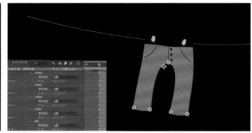

图3-159　设置第二组关键帧

④ 将时间轴拖到第10帧，再次选择这5个控点往左移动，形成被风吹动的效果，作为第三组关键帧（图3-160）。将时间轴拖到第15帧，将这5个控点继续往左移动，加大风力吹动的效果，作为第四组关键帧（图3-161）。

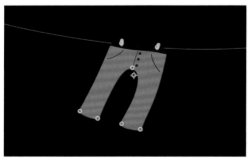

图3-160　设置第三组关键帧

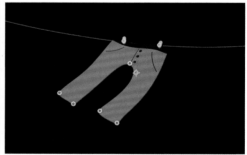

图3-161　设置第四组关键帧

⑤ 按照以上方法继续制作关键帧，加大风的摆动效果。每隔5帧，制作一组控点的关键帧动画，形成第五至九组关键帧动画（图3-162～图3-166）。

⑥ 将时间轴拖曳到第2秒，再次选择5个控点往右移动，形成裤子垂下的效果，设置第十组关键帧作为最后一组关键帧（图3-167）。

图3-162　设置第五组关键帧

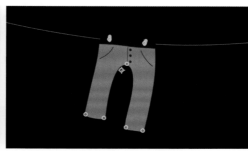

图3-163　设置第六组关键帧

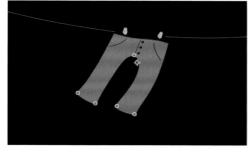

图3-164　设置第七组关键帧

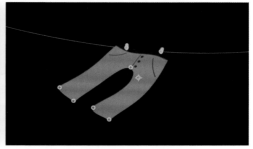

图3-165　设置第八组关键帧

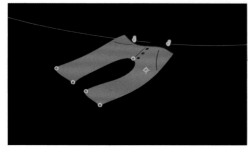

图3-166　设置第九组关键帧

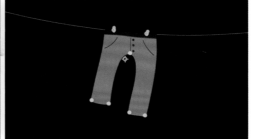

图3-167　设置第十组关键帧

⑦ 加强风力摆动的效果。选择所有的关键帧，按住快捷键Alt整体向左拖动，将第十组关键帧拖曳到第1秒5帧，此时原先2秒的动画效果压缩到1秒5帧，衣服摆动的效果更加剧烈（图3-168）。

图3-168　压缩关键帧动画时间

⑧ 复制关键帧动画。选择所有的关键帧，点击快捷键Ctrl+C复制，将时间轴拖曳到第1秒10帧，点击Ctrl+V粘贴（图3-169）。同理，将时间轴拖曳到第2秒20帧、第4秒5帧、第5秒15帧、第7秒、第8秒10帧，再次点击Ctrl+V粘贴，不断重复之前的动画效果（图3-170）。

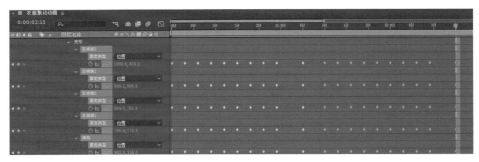

图3-169　复制关键帧动画

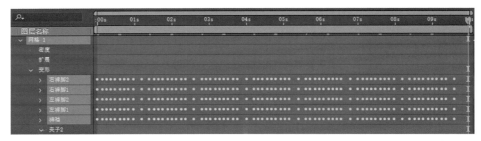

图3-170　重复复制关键帧动画

⑨ 选择所有图层并点击Ctrl+Shift+C，生成预合成，并命名为"最终合成"（图3-171）。

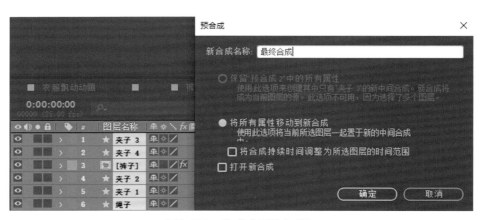

图3-171　生成"最终合成"

⑩ 在效果和预设栏中搜索"摆动"（图3-172），并拖曳到"最终合成"中，在效果控件面板中，将"摆动速度"修改为"2"，将"摆动量"修改为"10"（图3-173）。

图3-172 添加"摆动"效果

图3-173 设置"摆动"参数

⑪ 调整细节，查看最终动画效果（图3-174）。

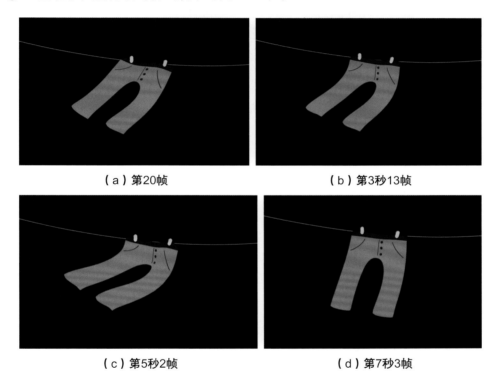

（a）第20帧   （b）第3秒13帧

（c）第5秒2帧   （d）第7秒3帧

图3-174 最终衣服飘动动画效果

小结

　　MG高级动画涉及形变动画、三维动画、柔体动画等，学习内容和制作技巧相对复杂，在AE软件中涉及的主要工具包括形状图层、"3D图层"工具、"人偶控点"工具组等，需要熟悉软件技术和动画运动规律等，根据动画内容需要选择合适的表现方法。

采用效果工具制作夜晚海面反射的动画效果（图3-175）。

图3-175　夜晚海面反射动画案例

第 **4** 章 | MG表达式动画

素质目标 ● 培养分析问题、解决问题的能力
　　　　　　培养自学能力以及快速获取信息的能力。
能力目标 ● 熟悉表达式动画的应用范围和方法；
　　　　　　掌握表达式动画制作的常用设置技巧。

制作MG动画时，经常需要设计一些复杂多样的动画，如随机动画、循环动画等，这时候需要运用到一些表达式和函数，为不同的图层属性创建某种关联关系，从而形成多样的动态效果。在After Effects软件中，设计师只需要用简单的程序语言为图层属性添加表达式，就能大大提高动画制作效率。

4.1　表达式概述

在After Effects软件中，表达式是为特定参数赋予待定值的一条或一组语句，它以JavaScript语言为基础，包括一套丰富的语言工具，例如可以在不设置任何关键帧的情况下制作动画，可以在设置关键帧的情况下制作随机动画，可以使用表达式关联不同的图层属性，用一个属性的关键帧对自身或者其他图层生成动画等（图4-1）。

图4-1　用表达式制作时间码动画

此外，一般情况下，当图层属性添加表达式之后，可继续对该属性添加或编辑关键帧，表达式可使用由该属性关键帧生成的值作为它的输入值，并生成一个新的值。

4.1.1 表达式的应用

（1）启用表达式

打开某一图层的属性面板，按住快捷键Alt，同时单击需要添加表达式的属性前面的 ▣ "关键帧记录器"，即启用表达式（图4-2）。也可以通过"动画">"添加表达式"命令，或者按快捷键Alt+Shift+=快速启用表达式。

图4-2　启用表达式

当图层启用表达式后，表达式面板右侧会出现"表达式输入框"，可以选择在"表达式输入框"中手动输入表达式（图4-3）。

图4-3　手动输入表达式

下面认识下表达式的面板和工具（图4-4）。

图4-4　表达式面板和工具

≡ "启用表达式"：可以切换表达式的开启和关闭状态。如果不需要应用表达式，点击图标即可禁用。

■ "显示后表达式图表"：激活该按钮，可以在图表编辑器打开时查看表达式的数据变化情况。

◎ "表达式关联器"：该按钮可以链接图层之间的表达式。

▶ "表达式语言菜单"：在菜单中查找到一些常用的表达式。

■ "表达式输入框"：可以在框中输入并修改表达式函数。

当需要移除表达式时，按住快捷键Alt，同时单击已经开启表达式的属性前的"关键帧秒表"⊙即可，或者执行"动画">"移除表达式"命令。

（2）编辑表达式

开启表达式后，可以在"表达式输入框"中手动输入表达式，也可以使用"表达式语言菜单"中的表达式，还可以使用表达式关联器或从其他表达式中复制表达式。

编辑表达式的方法可大致分为以下3种。

① **手动编辑表达式**。在"表达式输入框"中手动输入或编辑表达式。当"表达式输入框"处于激活状态时，在框中输入或编辑表达式（图4-5）。输入或编辑表达式完成后，可以按小键盘上的Enter键，或单击表达式输入框以外的区域来完成操作并应用。

图4-5 手动编辑表达式

② **表达式关联器**。使用◎ "表达式关联器"可以将一个动画的属性关联到另一个动画的属性上（图4-6）。如果将"表达式关联器"拖曳到"位置"属性的Y轴数值上，那么表达式将调用Y轴数值作为自身X轴和Y轴的参数。

图4-6 表达式关联器

③ **使用表达式预设**。After Effects软件中提供了▶ "表达式语言菜单"工具，在菜单中可查找到一些常用的表达式（图4-7），能方便设计师直接调用表达式，同时还可以根

据实际效果进行修改。

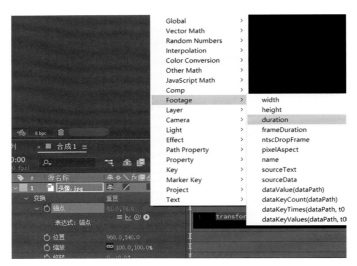

图4-7　使用表达式预设

此外，当编辑完成一个表达式后，如果想在以后的工作中再次使用该表达式，可以将表达式保存到动画预设中，或者复制粘贴到其他文本应用程序中进行保存，如文本文档或Word文档等。

（3）显示表达式结果

启用表达式的属性值将以红色显示，此时拖曳时间轴可以观察不同时间的表达式计算结果（图4-8）。

图4-8　显示表达式结果

对单个值的属性（如"不透明度"）来说，表达式结果是一个单个的值；对多个值的属性（如"位置"）来说，需要有多个分别对应的值（如"X位置"和"Y位置"，在制作三维效果时还有对应的"Z位置"），这时表达式结果是用中括号表示的数值组，如[960，540]。

表达式函数在输入时是区分大小写的，使用的括号、逗号、句号等标点符号必须是英文输入法中的。在编写表达式时，一定要注意大小写，因为JavaScript程序语言要区分大小写。After Effects表达式需要使用分号作为一条语言的分行，单词之间多余的空格将被忽略（字符串中的空格除外）。

当表达式链接不成立或输入的表达式不能被系统执行时，After Effects软件会自动报告错误，且自动终止表达式的运行，同时窗口会出现 ⚠ "警示图标"。创作者可以单击"警示图标"，根据弹出的提示修改表达式（图4-9）。

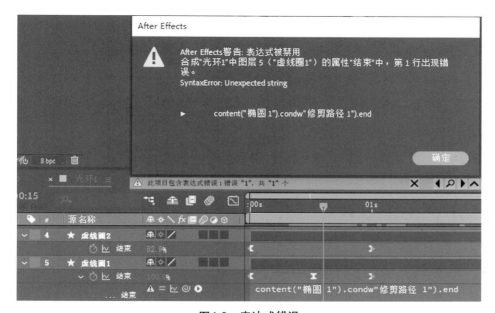

图4-9 表达式错误

4.1.2 常用的表达式

MG动画制作中，一般不会在表达式文本框中编写大段的代码，而是通过一些简单的表达式直接生成动画效果，这就需要掌握一些常用的表达式。

（1）wiggle（摆动）表达式

wiggle表达式一般用于制作摆动、抖动的不规则运动效果，用于位置、旋转、缩放、不透明度等属性。在图层某个属性启用表达式后，可以点击"表达式语言菜单" > "Property" > "wiggle(freq,amp,octaves=1,amp_mult=.5,t=time)表达式"，也可以在表达式输入框直接输入"wiggle"，并开始输入表达式。

表达式wiggle(freq,amp,octaves=1,amp_mult=.5,t=time)中，"freq"代表频率，"amp"

代表幅度，"octaves"表示八度音，"amp_mult"代表赋值，"t=time"代表与时间轴相同。虽然wiggle表达式很复杂，但是一般只使用两个参数，分别为代表摆动频率（即1s摆动多少次）的参数"freq"和代表摆动最大幅度的参数"amp"。

以"wiggle(5，20)"为例（图4-10），该表达式用于表示图形的抖动运动，其中"5"代表每秒抖动5次，"20"代表抖动的最大位移单位是20，打开◎"表达式后编辑图表"可以查看曲线（图4-11），其中红色曲线代表X轴，绿色曲线代表Y轴。

图4-10　表达式"wiggle(5，20)"　　　　　　　图4-11　值曲线

例如气泡在水中浮动时，一边在平缓地上升，一边在进行微小的摆动，气泡的摆动是左右摆动，即需要对X轴和Y轴设置不同的参数以实现气泡上升的动画效果。选择"气泡"图层的"位置"属性，单击鼠标右键并选择"单独尺寸"选项，拆分成"X位置"和"Y位置"两个属性。随后在"Y位置"属性设置自下而上位移的关键帧，在"X位置"属性开启表达式，输入表达式"wiggle（2，15）"（图4-12），由此，画面中气泡在上升的过程中，会产生一个缓慢且小幅度的摆动效果（图4-13）。

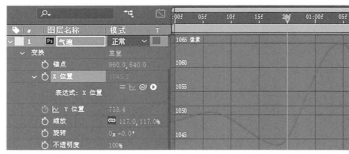
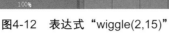

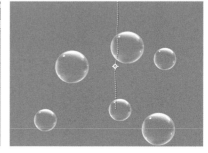

图4-12　表达式"wiggle(2,15)"　　　　　　　图4-13　气泡在水中浮动

（2）time（时间）表达式

该表达式一般用于代表时间的time变量，制作一些与时间相关的动画效果，如时钟的指针旋转或物体下落，省去了手动设置关键帧数值的操作过程。在图层某个属性启用表达式后，可以点击"表达式语言菜单"＞"Global"＞"time"（图4-14），也可以在表达式输入框直接输入"time"，随后就可以输入具体表达式函数。

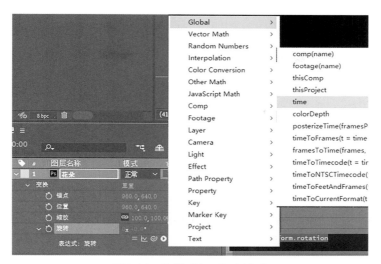

图4-14 选择"time"表达式

对于应用在"不透明度"属性的时间表达式，"time"是指时间，并以"秒"为单位。如当时间轴在1秒时，time的变量值为1，当时间轴在3秒时，time的变量值为3，即time的值随时间线的变化而变化。例如"不透明度"属性的表达式"time*20+5"（图4-15），代表"秒数×20+5"，可以看到在时间轴移动到第2秒时，"不透明度"表达式的显示结果是2×20+5=45（图4-16），时间轴移动到第5秒时，不透明度显示结果是"100"，因为"不透明度"最大值就是100。

图4-15 "不透明度"表达式

图4-16 表达式"time*20+5"

例如"旋转"属性的表达式"time*90"（图4-17），代表"秒数×90"，在时间轴移动到第20帧时，不透明度的表达式的结果为"（20÷25）×90=72"（该合成为25帧每秒），即图层旋转到72°。

（3）index（索引）表达式

After Effects软件是层级软件，最终

图4-17 表达式"time*90"

画面效果是由图层、属性、特效等叠加而成的，每个图层、属性、特效等都有代表层级的索引。以图层为例，每一个图层都有对应的序号，当"#（图层序号）"为2时，索引就是2。根据不同图层序号，可以为不同的图层做出不同的效果。例如，赋予多个图层"旋转"属性的表达式"index*30"后，当图层的序号为1、2、3时，表达式的结果分别为30°、60°、90°（图4-18）。再比如赋予表达式"360 − (index − 1)*30"后，序号1的图层"旋转"属性表达式的结果是"360 − （1 − 1）× 30=360"，即1x+0°，序号2的图层就是330°，序号3的图层就是300°（图4-19）。

图4-18　表达式"index*30"

图4-19　表达式"360-(index-1)*30"

对于二维属性、三维属性而言，如果单纯输入index表达式是会报错的。需要对二维、三维分别进行index表达式的数值串定义。例如在"位置"属性输入表达式"x=300+(index+1)*200;y=700;[x,y]"（[x,y]代表分别应用于X轴、Y轴后），序号1的图层的表达式结果为X轴：300+（1+1）× 200=700，Y轴：700；序号2的图层的表达式结果为X轴：300+（2+1）× 200=900，Y轴：700（图4-20）。

（4）random（随机）表达式

制作图层属性的随机动态效果时，可以使用 random表达式。该表达式位于"表达式语言菜单"＞"Random Numbers"（图4-21）。其中，random()是产生随机数的预置表达式，它的值在0～1之间，可以结合"+运算"和"*运算"使用，如random()+5或random()*5，以增大在一定范围内的随机数。

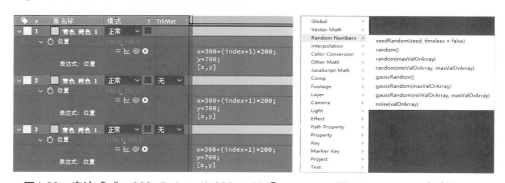

图4-20　表达式"x=300+(index+1)*200;y=700"　　　图4-21　random表达式

对于"random(maxValOrArray)"表达式，其中的"maxValOrArray"表示随机数值的最大值，可以输入数值或者变量，例如"random(50)"代表了随机数值在0～50之间进行变化；random(time)代表了随机数值随时间的增加不断地变大。在"random (minValOrArray, maxValOrArray)"中，"minValOrArray, maxValOrArray"代表了区间，例如，"random(100，200)"表示在100～200范围内的随机值。

"gaussRandom()""gaussRandom(maxValOrArray)""gaussRandom(minValOrArray, maxValOrArray)"三个表达式都包括了"gauss"，它代表了有90%的概率在范围内，10%的概率在范围外。例如"gaussRandom（10，50）"代表了随机数有90%的概率在10～50之间，10%的概率10～50之外（图4-22）。

图4-22　表达式"gaussRandom(10,50)"

（5）loop（循环）表达式

循环动画是MG动画中常见的动画形式，例如人的走路、跑步，红绿灯的循环切换等，制作循环动画可以使用循环表达式。loopOut(type="cycle"，numKeyframes=0)是常用的循环动画表达式，其中，"loopOut"代表关键帧后，"type"代表循环类型，"cycle"代表周期循环，"numKeyframes"代表循环哪些关键帧，"0"代表所有关键帧都进行循环。该表达式需要结合关键帧使用。在不输入任何参数的情况下，loopOut表达式会循环已设置的所有关键帧。

loop循环表达式有两种，一种是"loopIn（从关键帧开始向前循环的关键帧动画）"（图4-23），一种是"loopOut（从关键帧结束点向后循环的关键帧动画）"（图4-24）。在"图表编辑器"中，实线部分是关键帧部分，虚线部分是loop表达式生成部分，可以看到loopIn表达式根据原有的关键帧自动生成了往前的属性值，loopOut表达式根据原有的关键帧自动生成了后续的属性值。

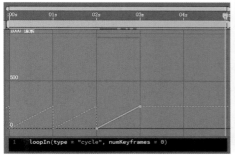

图4-23　loopIn循环表达式

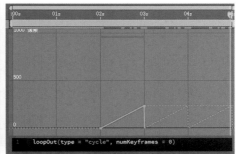

图4-24　loopOut循环表达式

循环表达式中的关键字符是"type（循环类型）"，循环类型有四种，具体含义如下。

type="cycle"（周期循环）：从头开始一直循环范围内的动画帧。

type="pingpong"(往复循环)：类似乒乓球，来回往复循环范围内的动画帧。

type="offset"（偏移循环）：以上一次循环结束的状态开始下一个循环。

type="continue"（持续循环）：一直持续循环结束时的状态。

以loopOut表达式为例，展示四种循环类型的表达式图表（图4-25）。

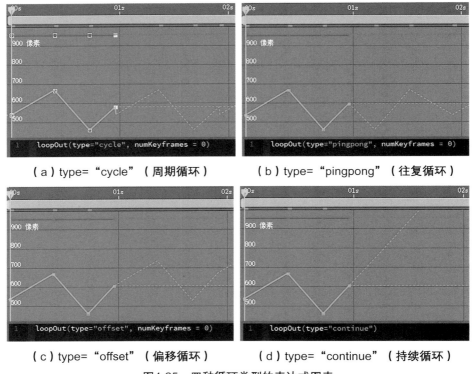

（a）type="cycle"（周期循环）　　　　　（b）type="pingpong"（往复循环）

（c）type="offset"（偏移循环）　　　　　（d）type="continue"（持续循环）

图4-25　四种循环类型的表达式图表

对于"numkeyframe=0"，默认值为0，表示循环所有关键帧。在实际使用中，也可以不写，表达式自动默认是0。在loopIn循环表达式中，"numkeyframes=1"表示前2个关键帧，"=2"表示前3个关键帧，以此类推。相反，在loopOut循环表达式中，"numkeyframes=1"表示最后2个关键帧，"=2"表示最后3个关键帧，以此类推。

下面以信号灯进行循环变化的例子对循环动画的原理进行讲解。

第0秒时只有绿灯亮。开启"红灯""黄灯""绿灯"图层的"不透明度"属性关键帧，分别设置为0%、0%和100%（图4-26）。

第1秒时只有黄灯亮。将时间轴移动到第1秒，分别将"红灯""黄灯""绿灯"图层的"不透明度"属性值设置为0%、100%和0%（图4-27）。

第2秒时只有红灯亮。将时间指示器移动到第2秒，分别将"红灯""黄灯""绿灯"图层的"不透明度"属性值设置为100%、0%和0%（图4-28）。

第3秒时指示灯回到第0秒时的效果。分别将"红灯""黄灯""绿灯"图层的"不透明度"属性值设置为0%、0%和100%（图4-29）。

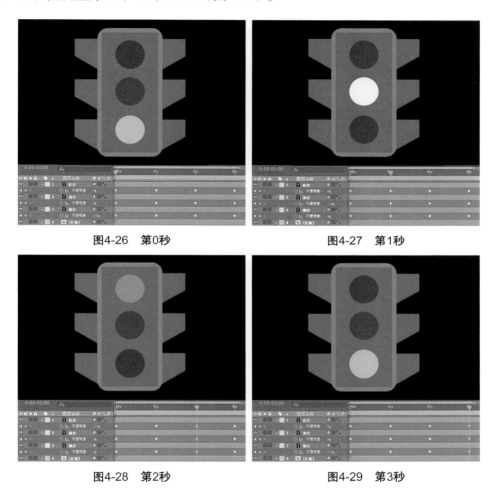

图4-26　第0秒　　　　　　　　　　　图4-27　第1秒

图4-28　第2秒　　　　　　　　　　　图4-29　第3秒

用循环表达式使动画按顺序循环变化。选中"红灯"图层，按住Alt键单击"不透明度"属性的 ⭕ "关键帧记录器"激活表达式，然后输入表达式"loopOut()"，接着对"黄灯"和"绿灯"图层进行相同的操作。从这个例子中可以看出使用loopOut()表达式制作循环动画的便捷。

4.1.3　案例实战：HUD科技风格动画

设计构思：本案例讲解利用表达式制作HUD科技风格动画的方法，这是MG动画中流行的表现效果（图4-30）。制作时首先通过创建形状图层组成复杂的界面效果，然后设置表达式形成循环动画，最后开启 ⬡ "3D图层"实现三维空间效果。

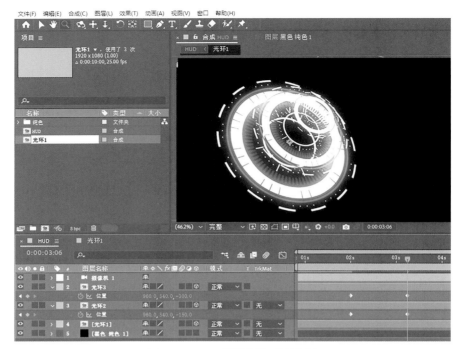

图4-30　HUD科技风格动画案例

本案例制作步骤如下。

① 打开After Effects软件，进入"编辑"菜单>"首选项">"常规"面板，勾选"在新形状图层上居中放置锚点"（图4-31），点击"确定"关闭面板。新建合成，命名为"HUD"，"预设"选择"HDTV 1080 25"，"持续时间"设置为"10"秒，"背景颜色"设置为蓝色（RGB：80，180，240）（图4-32）。

▶ 视频教程 ◀

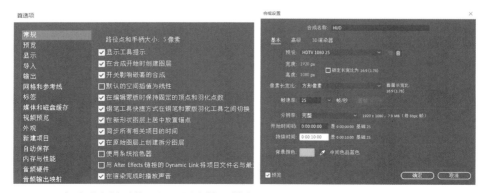

图4-31　勾选"在新形状图层上居中放置锚点"　　　图4-32　创建合成"HUD"

② 在主工具栏选择 "椭圆工具"，关闭"填充"，将"描边颜色"设置为黑色（RGB：0，0，0），"描边宽度"设置为"10像素"，按住快捷键Ctrl+Shift在合成窗口

绘制圆形，并重命名为"圆环1"（图4-33），打开"内容">"椭圆">"椭圆路径"，"大小"属性设置为"700，700"（图4-34），点击快捷键Ctrl+Home将图层置于画面中心。

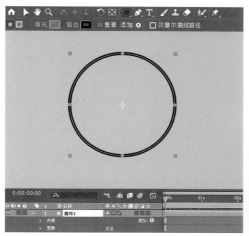

图4-33　新建形状图层

图4-34　修改"大小"参数

③ 点击"内容">"添加"后的 ▶ 按钮，在弹出的面板中选择"修剪路径"。将时间轴拖到第0帧，开启"修剪路径">"结束"属性关键帧，设置为"0"，创建第一个关键帧。将时间轴拖到第1秒，"结束"属性设置为"100"，生成第二个关键帧（图4-35）。点击快捷键F9生成"缓动"曲线，打开"图表编辑器"模式，选择"编辑速度图表"，选择关键点控制柄调整曲线曲率，强化"缓动"效果（图4-36）。

图4-35　创建关键帧

图4-36　强化"缓动"效果

④ 复制圆环图层。选择"圆环1"并复制，重命名为"圆环2"，打开"内容">"椭圆"，将"椭圆路径">"大小"属性修改为"600"，"描边">"描边宽度"属性修改为"60"（图4-37）。再次复制圆环图层，重命名为"圆环3"，将"椭圆路径">"大小"属性修改为"300"，"描边">"描边宽度"属性修改为"10"（图4-38）。

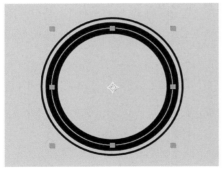

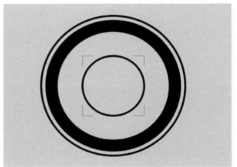

图4-37　创建"圆环2"　　　　　　　　图4-38　创建"圆环3"

⑤ 设置旋转。将"圆环2"图层的"旋转"属性修改为"0x-120°"，"圆环3"图层的"旋转"属性修改为"0x+90°"（图4-39），使两个图层的旋转形成错位，查看画面效果（图4-40）。

图4-39　设置旋转　　　　　　　　　　图4-40　画面效果（1）

⑥ 选择"圆环1"并再次复制，命名为"虚线圈1"，打开"内容"＞"椭圆"，将"椭圆路径"＞"大小"属性修改为"800"，"描边"＞"描边宽度"设置为"10"，点击"描边"＞"虚线"后的➕，添加一条虚线，将"虚线"设置为"90"（图4-41），查看画面效果（图4-42）。

图4-41　调整"虚线圈1"参数　　　　　图4-42　画面效果（2）

⑦ 选择"虚线圈1"并复制，命名为"虚线圈2"，将"大小"修改为"470"。将"描边">"描边宽度"设置为"40"，"虚线"设置为"10"（图4-43），查看画面效果（图4-44）。

 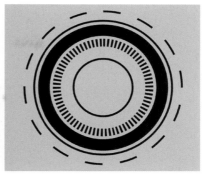

图4-43　调整"虚线圈2"参数　　　图4-44　画面效果（3）

⑧ 在主工具栏中，选择▭"矩形工具"，开启"填充"，关闭"描边"，在画面中绘制矩形，并命名为"辐射圈1"。打开"矩形路径">"大小"属性，取消 🔗 "比例约束"，参数设置为"5，45"（图4-45）。点击快捷键Ctrl+Home，使"辐射圈1"图层居于合成中心（图4-46）。

图4-45　调整"辐射圈1"参数　　　图4-46　画面效果（4）

⑨ 添加中继器。选择"内容">"矩形">"矩形路径"的"位置"属性，参数设置为"0，185"。选择"矩形路径"后再点击"添加"后的 ⊙ ，在弹出的菜单中选择"中继器"，将"中继器">"副本"设置为"8"，"变换：中继器">"位置"修改为"0，0"，"旋转"设置为"0x+45°"（图4-47），查看画面效果（图4-48）。

图4-47　添加中继器　　　图4-48　画面效果（5）

⑩ 复制"辐射圈1"，重命名为"辐射圈2"，将"矩形路径"＞"大小"修改为
"5，5"，"圆度"修改为"50"，"中继器"＞"副本"修改为"40"，"变换：中继
器"＞"旋转"修改为"0x+63°"（图4-49），查看画面效果（图4-50）。

图4-49　修改"辐射圈2"参数　　　　　图4-50　画面效果（6）

⑪ 复制"辐射圈2"，命名为"辐射圈3"，将"矩形路径"＞"位置"修改为"0，
375"，"变换：中继器"＞"旋转"修改为"0x+66°"（图4-51），查看画面效果（图4-52）。

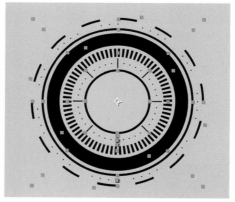

图4-51　修改"辐射圈3"参数　　　　　图4-52　画面效果（7）

⑫ 选择"辐射圈1"图层并复制，命名为"辐射圈4"，将其拖曳到"圆环2"图层
的上方（图4-53）。修改"辐射圈4"图层参数，将"矩形路径"＞"位置"修改为"0，
310"，"描边"＞"颜色"修改为白色（RGB：255，255，255）。"中继器"＞"副
本"修改"24"，"变换：中继器"＞"旋转"修改为"0x+41°"（图4-54）。

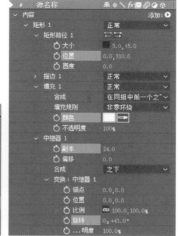

图4-53 "辐射圈4"图层　图4-54 修改"辐射圈4"参数

⑬ 设置图层遮罩。修改"圆环2"图层的蒙版通道为："Alpha反转遮罩"（图 4-55），观看画面效果（图4-56）。

图4-55 设置图层遮罩

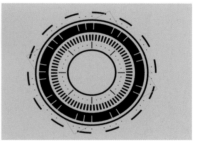

图4-56 画面效果（8）

⑭ 修改图层颜色。选择"辐射圈1""辐射圈2""辐射圈3"图层，将"填充颜色"修改为白色（RGB：255，255，255）。选择"圆环1""圆环3""虚线圈2"图层，将"描边颜色"修改为蓝色（RGB：0，6，255）。将"圆环2""虚线圈1"图层的"描边颜色"修改为白色（RGB：255，255，255），观看画面效果（图4-57）。

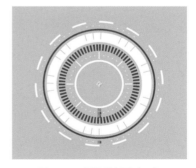

图4-57 画面效果（9）

⑮ 创建动画关键帧。将时间轴拖到第0帧，选择"辐射圈1""辐射圈2""辐射圈3"图层，在时间轴的"搜索框"输入"副本"，同时选择三个图层的"副本"属性并开启"关键帧记录器"，将数值修改为"0"，创建第一个关键帧。将时间轴拖到第1秒3帧，"辐射圈1"的"副本"参数修改为"8"，"辐射圈2""辐射圈3"的"副本"参数修改为"40"，生成第二个关键帧（图4-58），选择所有关键帧，点击快捷键F9生成"缓动"曲线，查看画面效

果（图4-59）。

图4-58　创建动画关键帧

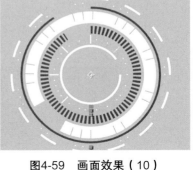

图4-59　画面效果（10）

⑯　创建表达式。选择"虚线圈1"图层，按住Alt键点击"旋转"属性"关键帧记录器"，输入表达式"time*6"，完成表达式创建（图4-60）。选择"旋转"属性并点击快捷键Ctlr+C复制表达式，再选择"辐射圈1""辐射圈2"图层，点击快捷键Ctlr+V粘贴，表达式即粘贴到新的图层，查看画面效果（图4-61）。

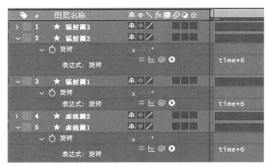

图4-60　创建表达式

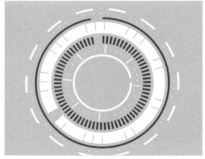

图4-61　画面效果（11）

⑰　选择"辐射圈3"图层，设置"旋转"属性表达式"time*－6"。选择"辐射圈4"图层，设置"旋转"属性表达式"time*3"，形成错落有致的旋转效果，查看画面效果（图4-62、图4-63）。

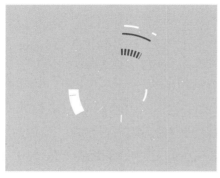

图4-62　画面效果（12）

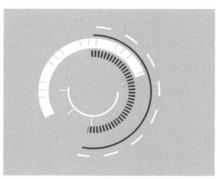

图4-63　画面效果（13）

⑱ 选择所有图层，点击快捷键Crtl+Shift+C生成预合成，命名为"光环1"。选择"光环1"并复制2次，分别命名为"光环2""光环3"。将"光环2""光环3"的"缩放"属性分别修改为"66，66%""33，33%"，将"光环2""光环3"的"旋转"属性分别修改为"0x+120°""0x+240°"（图4-64）。点击快捷键Ctrl+Y快速创建纯色图层，颜色设置为黑色（RGB：0，0，0），并放在合成底层，查看画面效果（图4-65）。

图4-64　复制合成层并修改参数

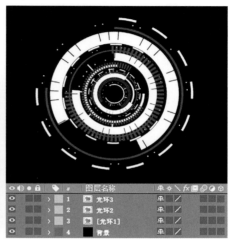

图4-65　画面效果（14）

⑲ 创建摄像机。开启"光环1""光环2""光环3"图层的 ⊙"3D图层"。注意，"合成设置"中的3D渲染器类型必须是"经典3D"。点击快捷键Ctrl+Alt+Shift+C快速创建"摄像机"图层。将时间轴拖到第1秒，开启摄像机的"位置"属性关键帧，创建第一个关键帧。将时间轴拖到第2秒，"位置"属性修改为"－50，2000，－2300"，生成第二个关键帧（图4-66），查看画面效果（图4-67）。

图4-66　创建摄像机

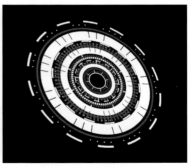

图4-67　画面效果（15）

⑳ 设置关键帧动画。将时间轴拖到第2秒，开启"光环2""光环3"合成的"位置"属性关键帧，创建第一个关键帧。将时间轴拖到第3秒6帧，"光环2"合成的"位置"属性修改为"960，540，-150"，"光环3"合成的"位置"属性修改为"960，540，-300"，生成第二个关键帧（图4-68），查看画面效果（图4-69）。

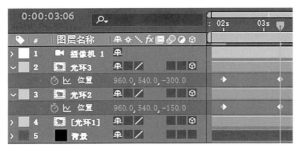

图4-68 设置关键帧动画

图4-69 画面效果（16）

㉑ 新建调整图层，置于合成上方，添加"风格化">"发光"，调整参数，将"发光阈值"设置为"80%"，"发光半径"设置为"100"，"发光强度"设置为"1.2"，将"颜色B"修改为深蓝色（RGB：5，20，200）（图4-70）。添加"效果">"颜色校正">"照片滤镜"，调整参数，"滤镜"选择"冷色滤镜（80）"，"密度"设置为"80%"（图4-71）。

图4-70 添加"发光"

图4-71 添加"照片滤镜"

㉒ 调整动画细节，查看最终效果（图4-72）。

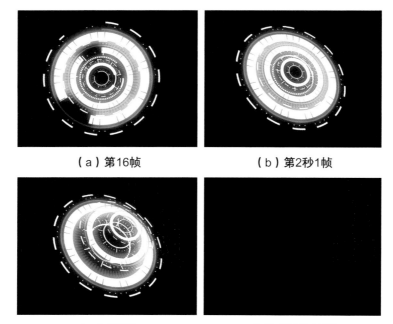

（a）第16帧 （b）第2秒1帧

（c）第3秒 （d）第3秒10帧

图4-72 最终HUD科技风格动画效果

表达式语言菜单概述

After Effects提供了表达式语言菜单功能，帮助设计师便捷地添加表达式，包括一些常用表达式都可以在语言菜单中找到。

Global	>
Vector Math	>
Random Numbers	>
Interpolation	>
Color Conversion	>
Other Math	>
JavaScript Math	>
Comp	>
Footage	>
Layer	>
Camera	>
Light	>
Effect	>
Path Property	>
Property	>
Key	>
Marker Key	>
Project	>
Text	>

4.2.1 表达式语言菜单

表达式语言菜单共有19栏，每一栏内的表达式都有着相似的特性（图4-73）。一些栏目的表达式比较简单且常用，一些栏目的表达式则较为复杂。

4.2.2 常用的表达式栏

下面介绍一些常用的表达式栏及其具体作用。

图4-73 表达式语言菜单

（1）Global（全局）表达式栏

全局表达式栏中包含一些预先定义的通用变量和函数（图4-74），包括前文讲到的time函数。

```
comp(name)
footage(name)
thisComp
thisProject
time
colorDepth
posterizeTime(framesPerSecond)
timeToFrames(t = time + thisComp.displayStartTime, fps = 1.0 / thisComp.frameDuration, isDuration = false)
framesToTime(frames, fps = 1.0 / thisComp.frameDuration)
timeToTimecode(t = time + thisComp.displayStartTime, timecodeBase = 30, isDuration = false)
timeToNTSCTimecode(t = time + thisComp.displayStartTime, ntscDropFrame = false, isDuration = false)
timeToFeetAndFrames(t = time + thisComp.displayStartTime, fps = 1.0 / thisComp.frameDuration, framesPerFoot = 16, isDuration = false)
timeToCurrentFormat(t = time + thisComp.displayStartTime, fps = 1.0 / thisComp.frameDuration, isDuration = false, ntscDropFrame = thisComp.ntscDropFrame)
```

图4-74 Global（全局）表达式栏

重要表达式介绍见表4-1。

表4-1 部分Global（全局）表达式

名称	作用
comp（name）	获取名称为name的合成
footage（name）	获取名称为name的素材
thisComp	获取当前合成
timeToFrames	将当前合成时间的值转换为整数数目的帧

（2）Random Numbers（随机数）表达式栏

随机数表达式栏中包含了一些用于随机数的函数，包括之前用到的random()等（图4-75）。

```
seedRandom(seed, timeless = false)
random()
random(maxValOrArray)
random(minValOrArray, maxValOrArray)
gaussRandom()
gaussRandom(maxValOrArray)
gaussRandom(minValOrArray, maxValOrArray)
noise(valOrArray)
```

图4-75　Random Numbers（随机数）表达式栏

重要表达式的介绍见表4-2。

表4-2　部分Random Numbers（随机数）表达式

名称	作用
seedRandom（seed,timeless=false）	通过设置不同的随机种子让random函数有不同的取值
random()	返回0~1的一个随机数
random（maxValOrArray）	向函数输入一个数值或一个数组，如random([2,3])的返回范围是在0~2和0~3的两个随机数组成的数组之间
gaussRandom	与random函数的使用方式相同，不同点在于gaussRandom()函数的输出值符合高斯随机分布
noise（ValOrArray）	可产生不随时间变化的随机数

（3）Interpolation（插值）表达式栏

插值表达式栏中包含了一些线性或平滑差值的函数（图4-76）。

```
linear(t, value1, value2)
linear(t, tMin, tMax, value1, value2)
ease(t, value1, value2)
ease(t, tMin, tMax, value1, value2)
easeIn(t, value1, value2)
easeIn(t, tMin, tMax, value1, value2)
easeOut(t, value1, value2)
easeOut(t, tMin, tMax, value1, value2)
```

图4-76　Interpolation（插值）表达式栏

重要表达式的介绍见表4-3。

表4-3 部分Interpolation（插值）表达式

名称	作用
linear(t,value1,value2)	当t的范围在0～1时，返回一个从value1～value2的线性插值结果；当t≤0时返回value1；当t≥1时返回value2
linear(t,tMin,tMax,value1,value2)	当t的范围在tMin～tMax时，返回一个从value1～value2的线性插值结果；当t≤tMin时，返回value1；当t≥tMax时，返回value2
ease	与linear函数用法相同，但在value1和value2附近的差值会变化得非常平缓，使用ease可以制作非常平滑的动画
easeIn	与linear函数用法相同，但是只有在value1附近的差值变平滑，在value2附近的差值仍为线性
easeOut	与linear函数用法相同，但是只有在value2附近的差值变平滑，在value1附近的差值仍为线性

（4）Comp（合成）表达式栏

合成表达式栏中包含一些合成类的函数或属性（图4-77），这些函数或属性必须接在代表合成的表达式后面才能正常作用，如表达式width（"合成5"），width指"合成5"中的宽度。Footage、Layer等栏内的表达式也是同样的道理，必须接在对应的类后面才能起作用。

重要表达式的介绍见表4-4。

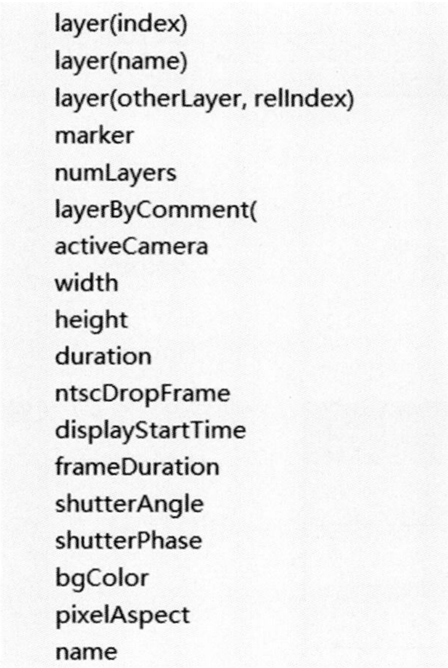

表4-4 部分Comp（合成）表达式

名称	作用
layer(index)	获取序号为index的图层
layer(name)	获取合成内名称为name的图层
numLayers	表示合成内的图层数量
width	表示合成的宽度
height	表示合成的高度
duration	表示合成的持续时间
bgColor	表示合成的背景颜色
name	表示合成的名称

layer(index)
layer(name)
layer(otherLayer, relIndex)
marker
numLayers
layerByComment(
activeCamera
width
height
duration
ntscDropFrame
displayStartTime
frameDuration
shutterAngle
shutterPhase
bgColor
pixelAspect
name

图4-77 Comp（合成）表达式栏

（5）Footage（素材）表达式

素材表达式栏中包含了一些素材图层设置的函数（图4-78）。

width
height
duration
frameDuration
ntscDropFrame
pixelAspect
name
sourceText
sourceData
dataValue(dataPath)
dataKeyCount(dataPath)
dataKeyTimes(dataPath, t0 = startTime, t1 = endTime)
dataKeyValues(dataPath, t0 = startTime, t1 = endTime)

图4-78　Footage（素材）表达式栏

重要表达式的介绍见表4-5。

表4-5　部分Footage（素材）表达式

名称	作用
width	返回素材的宽度（数值），以像素为单位
heigh	返回素材的高度（数值），以像素为单位
duration	返回素材的持续时间（数值），以秒为单位
frameDuration	返回素材中帧的持续时间（数值），以秒为单位
pixelAspect	返回素材的像素长宽比（数值）

（6）Key（关键帧）表达式

关键帧表达式栏中包含了滑块、时间、索引的函数（图4-79）。重要表达式的介绍见表4-6。

value
time
index

图4-79　Key（关键帧）表达式栏

表4-6　Key（关键帧）表达式

名称	作用
value	返回关键帧的值（数值或数组）
time	返回关键帧的时间（数值）
index	返回关键帧的索引（数值）

4.3 综合案例：弹性文字动画

设计构思：本案例讲解利用表达式制作弹性文字动画的方法，弹性文字是MG动画中新颖的表现效果（图4-80）。案例制作时首先利用"效果"菜单工具设置关键帧动画，再通过添加"弹性表达式"制作动感文字效果。

图4-80　弹性文字动画案例

本案例制作步骤如下。

4.3.1 制作文字动画

▶ 视频教程 ◀

① 打开After Effects软件，新建合成，命名为"文字动画"，"预设"选择 "HDTV 1080 25"，将"背景颜色"设置为黑色（RGB：0，0，0），"持续时间"设置为"5秒"（图4-81）。

② 选择■■ "文字工具"，在合成窗口中输入文字"热"，将"字体"设置为"微软雅黑"，"字体大小"设置为"200"，"字体样式"设置为"Bold"，""颜色"设置为灰色（RGB：235，235，235）。点击快捷键Ctrl+Home使文字居于画面中心（图4-82）。

图4-81　新建合成　　　　　　　　　　图4-82　创建文字

③ 设置关键帧。选择"热"图层，添加"效果"菜单>"过渡">"径向擦除"效果。将时间轴拖到第0秒，开启"过渡完成"关键帧，将参数设置为"100%"（图4-83），创建第一个关键帧。将时间轴拖到第1秒，参数设置为"0%"，生成第二个关键帧。选择两个关键帧并点击快捷键F9生成"缓动"曲线，查看动画效果（图4-84）。

图4-83　添加"径向擦除"　　　　　　　图4-84　动画效果

④ 选择"热"图层，添加"效果"菜单>"生成">"填充"效果，将"颜色"设置为粉色（RGB：255，0，140）（图4-85）。选择"热"图层并复制一次，命名为"热2"图层，将图层"时间入点"设置为第3帧，将"填充"效果的"颜色"设置为绿色（RGB：5，255，110）（图4-86）。

图4-85　"热"图层　　　　　　　　　图4-86　"热2"图层

⑤ 选择"热"图层并复制一次，命名为"热3"，将"时间入点"设置为第6帧，将效果面板的"填充""效果"删除（图4-87）。选择"热"图层再次复制，命名为"热4"，置于"热"图层上方（图4-88）。删除"热4"图层效果控件中的"径向擦除"和"填充"效果。

图4-87 "热3"图层   图4-88 "热4"图层

⑥ 添加效果。选择"热4"图层，添加"效果"菜单>"生成">"勾画"效果，在"效果控件"面板将"片段">"片段"修改为"1"，"正在渲染">"混合模式"后的复选框设置为"透明"，"宽度""硬度"都设置为"0.5"（图4-89），查看画面效果（图4-90）。

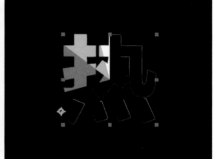

图4-89 添加"勾画"   图4-90 查看画面效果（1）

⑦ 设置关键帧。将时间轴拖到第0帧，开启"片段">"长度"关键帧，参数为设置"0"，创建第一个关键帧。将时间轴拖到第20帧，参数修改为"0.7"，生成第二个关键帧（图4-91）。将时间轴拖到第1秒10帧，参数修改为"0"，生成第三个关键帧。将时间轴再次拖第0秒，开启"片段">"旋转"关键帧，参数设置为"0"，创建第一个关键帧。将时间轴拖到第1秒，"旋转"设置为"1x+0°"，生成第二个关键帧（图4-92），查看动画效果。

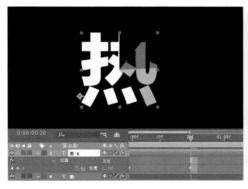

图4-91 设置"长度"关键帧   图4-92 设置"旋转"关键帧

⑧ 启用"片段">"随机相位",将"随机植入"参数设置为"5"(图4-93)。选择所有关键帧,点击快捷键F9生成"缓动"曲线,查看画面效果(图4-94)。

图4-93　启用"随机相位"　　　　图4-94　查看画面效果(2)

⑨ 选择 **T** "文字工具",在合成窗口中输入文字"爱",按照之前同样的方法制作文字动画,将"爱""爱4"图层的"时间入点"设置为第9帧,将"爱2"图层的"时间入点"设置为第12帧,将"爱3"图层的"时间入点"设置为第15帧(图4-95),注意在移动文字时,需要调整"径向擦除"效果的"擦除中心"参数。查看画面效果(图4-96)。

图4-95　制作"爱"字动画　　　　图4-96　查看画面效果(3)

4.3.2 制作表达式动画

① 设置关键帧动画。将时间轴拖到第0帧,选择"热"图层,开启"位置"属性关键帧,参数设置为"860,0",创建第一个关键帧。将时间轴拖到第2帧,参数修改为"860,610",生成第二个关键帧(图4-97),形成文字自上而下的动画效果(图4-98)。

图4-97　生成关键帧　　　　　　　图4-98　文字动画效果

② 设置表达式。按住快捷键Alt，并单击"位置"属性的关键帧记录器，开启表达式，复制"弹性"表达式到表达式输入框中（图4-99）。

③ 选择"热"图层的"位置"属性关键帧，点击快捷键Ctrl+C复制，将其粘贴到"热

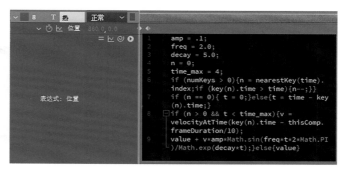

图4-99 输入"弹性"表达式

2""热3""热4"图层（图4-100），查看动画效果（图4-101）。

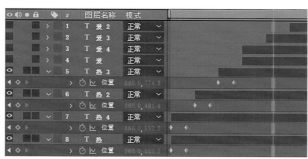

图4-100 复制并粘贴关键帧

图4-101 查看动画效果

④ 采用同样的方法制作"爱""爱2""爱3""爱4"图层的表达式动画（图4-102）。

图4-102 制作其他图层的表达式动画

⑤ 开启所有图层的"运动模糊",形成最终文字动画效果(图4-103)。

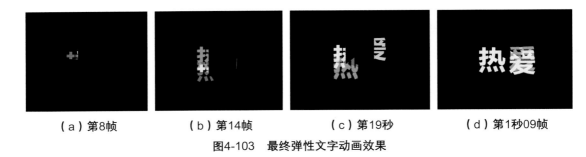

(a)第8帧　　　　　(b)第14帧　　　　　(c)第19秒　　　　　(d)第1秒09帧

图4-103　最终弹性文字动画效果

 小结

　　本章讲解了表达式的概念、应用和案例制作方法。将表达式插入MG动画项目中,软件便能自动计算出图层在某个时间点的属性值,使得MG动画的制作难度大大降低,并且能制作出关键帧动画所达不到的效果。但是表达式属于计算机代码,需要设计师具备简单的计算机语言基础,设计师可以收集常用的表达式,并学会应用设置方法,提升MG动画制作效率。

拓展训练

　　采用表达式工具制作语音助手按钮的动画效果(图4-104)。

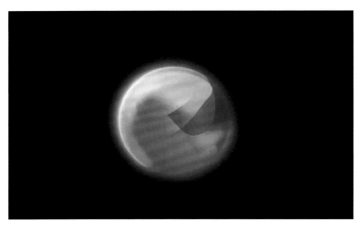

图4-104　语音助手按钮动画案例

第**5**章 | MG角色动画

素质目标 ● 培养创新意识和整体思维；
培养精益求精、反复打磨的精神。

能力目标 ● 掌握MG角色动画制作的方法与技巧；
熟悉MG角色动画的设计步骤和创意表达原则。

After Effects软件为设计师们提供了有助于角色动画设计和构思的相关工具，只需在平面软件中绘制完成角色并设置合理的分层，再利用After Effects软件的动画工具或者脚本、插件工具，就能在短时间内制作出栩栩如生的角色动作，大幅提升角色动画的制作效率。

5.1 Duik Bassel插件概述

Duik Bassel（以下简称Duik）是DuDuF公司出品的动力学和动画工具，其中的动画基本工具有反向动力学、骨骼变形器、动态效果、自动骨骼绑定、图形学等。Duik不仅拥有模拟三维软件的动画控制器，如骨骼绑定（图5-1）、反向动力学等，还拥有便捷的传统动画工具，如管理关键帧和插值、动画曝光，以及摆动、弹簧、滚轮等自动化工具。Duik具有的全面性和易用性特点使其成MG动画常用的脚本之一。

图5-1 "骨骼绑定"工具

Duik插件的"动画"面板提供了简洁的界面，具有设置关键帧以及动画曲线的工具（图5-2），在"相机"面板中，还提供了多种摄像机工具，例如"摄像机绑定"可以为摄像机创建一个用于移动的控制器，便于操纵摄像机制作动画。

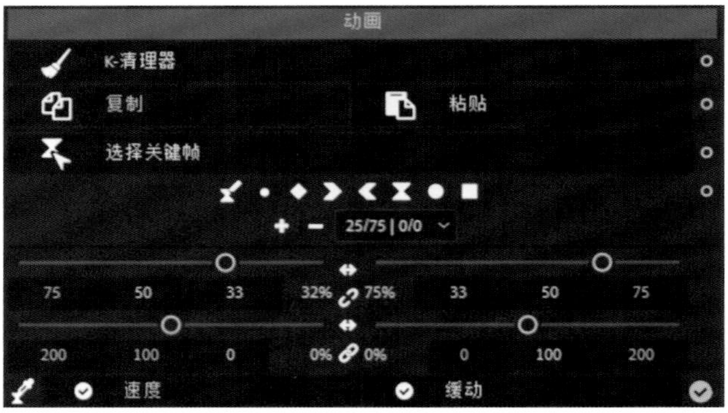

图5-2　"动画"面板

5.1.1　Duik Bassel插件安装

Duik Bassel安装非常便捷，具体安装方法如下。

步骤一：复制脚本"Duik Bassel.jsx"文件夹到以下AE脚本目录中。

－（Windows）Program Files\Adobe\Adobe After Effects 版本\Support Files \Scripts\Script UI Panels.

－（Mac OS）Applications（应用程序）\Adobe After Effects 版本\Scripts\Script UI Panels.

步骤二：重启Adobe Effects后，执行"编辑首选项">"常规"命令，在弹出的对话框中勾选"允许脚本写入文件和访问网络"复选框■（图5-3），这样Adobe Effects才会执行启用Duik脚本命令。

图5-3　勾选"允许脚本写入文件和访问网络" 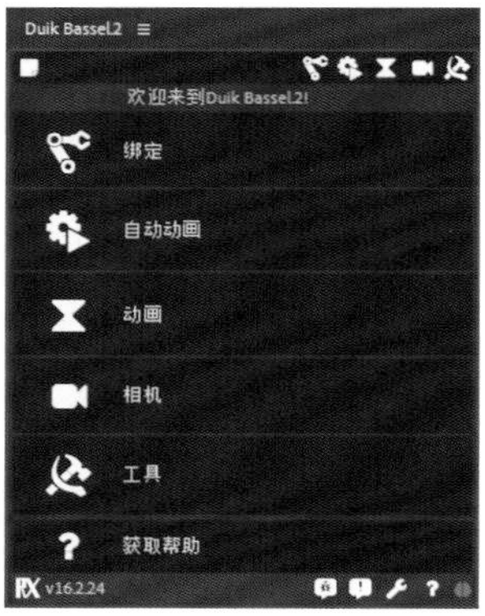　　图5-4　Duik脚本面板

步骤三：执行"窗口">"Duik Bassel2.jsx"命令，进入Duik脚本面板（图5-4）即可使用。

5.1.2　Duik Bassel工作界面

Duik Bassel插件工作界面包括以下几个部分。

（1）"绑定"面板

包含了创建角色动画的重要工具，例如"骨架""链接和约束""控制器"等（图5-5）。可以用"骨架"工具单独为角色的某个部位（例如四肢、躯干等）创建骨骼，也

可以创建一副完整的人体形态骨骼，并匹配到图形上设置角色动画。

（2）"自动动画"面板

包含各种的动画工具、动力学控制器（图5-6）。例如"回弹"工具可以自动设置对象的弹性效果，"摇摆"工具能够快捷地实现钟表摆动的效果。

（3）"动画"面板

提供了简洁的界面，便于管理关键帧和动画曲线（图5-7）。

图5-5 "绑定"面板

图5-6 "自动动画"面板

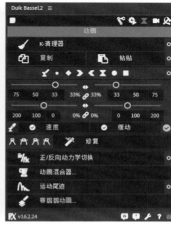

图5-7 "动画"面板

（4）"相机"面板

提供了多种摄像机工具，例如"摄像机绑定"可以为摄像机自动创建一个用于移动的控制器，使设计师能更加便捷地操纵摄像机，制作摄像机动画（图5-8）。

（5）"工具"面板

提供了一些其他工具，例如"重命名""查找和替换"等（图5-9）。

图5-8 "相机"面板　　　图5-9 "工具"面板

5.1.3 Duik Bassel绑定面板

"绑定"面板包含三种层次设置工具，分别是"骨架""链接和约束""控制器"。

（1）"骨架"

创建人类角色的骨架结构、单个肢体（手臂、腿等），或自定义骨架的结构。除了完整的"人形态"骨架外（图5-10），使用其他方式创建的骨架都有调整选项。

（2）"链接和约束"

角色的控制器和骨架之间是通过各种属性间的链接、约束关联的，如IK约束、图钉约束、形状和蒙版约束等（图5-11），将多个骨架按照一定的方式与角色的肢体进行关联，并生成控制器制作动画。

（3）"控制器"

其作用是在制作角色动画时，方便编辑和管理动画。"控制器"图标直观、易于操作（图5-12）。其中有几种特殊的控制器，分别是"滑块控制器（单向控制器）""2D滑块控制器（双向控制器）""角度控制器"等，用于连接属性或表达式。

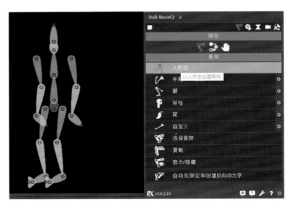

图5-10 "人形态"骨架

图5-11 "链接和约束" 图5-12 "控制器"

知识拓展

什么是IK、FK？它们的区别是什么？

角色动画中的骨骼运动遵循动力学原理。其中，FK（forward kinematics）即正向动力学（正向运动学），表示父对象带着子对象运动，子对象无法影响父对象运动，所以最终运动结果都是由父对象决定的，例如头部与躯干的关系，躯干可以带动头部移动，但是头部移动无法影响躯干。FK可以用于制作惯性动画、机械动画等。

IK（inverse kinematic）即反向动力学（逆向运动学），是子对象运动带动父对象运动的方式。例如，当设置角色手部动画时，只需要调整好手部的位置，它就会带动小臂和大臂的骨骼自动移动到合适的角度，这是角色运动控制的常用方法。IK运动方式可以使各部分骨骼通过关节连接在一起，并按照一定的层次集合而成，根据指定骨骼末端的位置计算角色各个关节的旋转角度，完成需要的动态效果（图5-13）。

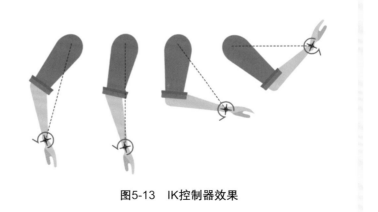

图5-13　IK控制器效果

5.2　综合案例：角色五官绑定

设计构思：本案例讲解利用Duik插件绑定角色五官的方法，这是MG动画中重要的知识点之一（图5-14）。制作时首先要熟悉Duik插件的工具效果，合理设置角色面部的分层，并根据运动规律制作表情动画，然后添加  "创建滑块连接器"及  "创建2D滑块控制器"等工具，分别控制角色的五官和头发等结构，最后制作出灵活的表情动画。

图5-14　角色五官绑定案例

本案例制作步骤如下。

5.2.1 设置文件层级

文件分层是一个非常重要的工作程序。绑定角色五官时，合理的分层有利于后期角色表情动画的制作。所以对于在Photoshop、Illustrator或者After Effects软件中制作的角色文件，首先就是要合理地设置层级，明确图层的层级关系。

① 启动Illustrator软件，打开"角色头像.ai"文件，"图层"面板中已经进行了分层，并完成了图层排序，图层名称按照操作习惯进行命名（图5-15）。

② 启动After Effects软件，导入"角色头像.ai"文件，"导入类型"选择"合成"。打开合成文件，查看图层（图5-16）。

图5-15　打开"角色头像.ai"文件

图5-16　打开合成文件

③ 设置嘴巴位置。依次选择"嘴巴（微笑）""嘴巴（自然）""嘴巴（说话）"三个图层，将三个图层移动到角色嘴巴的位置，尽量使三个图层的位置重合（图5-17）。

④ 点击快捷键Ctrl+Shift+Alt+Y快速创建一个空对象，重命名为"五官"。点击快捷键Ctrl+Alt+Home将锚点移动到"五官"图层的中心，将"五官"图层移动到脸部中心（图5-18）。

图5-17　移动嘴巴图层

图5-18　创建空对象

⑤ 设置层级链接。将"嘴巴（微笑）""嘴巴（自然）""嘴巴（说话）""左眼""右眼""左眉""右眉""左腮红""右腮红""鼻子"图层通过◎"父级关联器"链接到"五官"图层，使它们成为"五官"图层的子对象（图5-19）。

⑥ 将"五官""头发""左耳""右耳"图层通过◎"父级关联器"链接到"脸"图层，使它们成为"脸"图层的子对象（图5-20）。

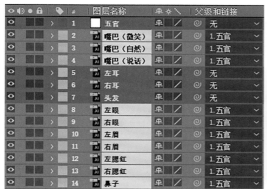

图5-19　链接到"五官"图层

图5-20　链接到"脸"图层

5.2.2　制作五官动画

① 制作眨眼动画。选中"左眼""右眼"图层，使用主工具栏的▦"向后平移锚点工具"将锚点分别移动到两个眼球中心。将时间轴拖到第0帧，开启"缩放"属性关键帧，并取消"缩放约束"，创建第一个关键帧（图5-21）。将时间轴拖到第3秒，将"缩放"属性的"Y轴"数值设置为"1%"，生成第二个关键帧（图5-22）。

图5-21　设置第一个关键帧

图5-22　设置第二个关键帧

② 设置初始状态。将时间轴拖到第1秒15帧，选择"五官"图层，开启"位置"属性关键帧，创建第一个关键帧，设置角色表情的初始状态（图5-23）。

图5-23　设置初始状态

③ 设置关键帧动画。将时间轴拖到第0帧，将"五官"图层移动到左上方的位置，生成第二个关键帧，此时"五官"图层的子图层都将移动到脸部的左上方（图5-24）。将时间轴拖到第3秒，将"五官"移动到右下方，生成第三个关键帧（图5-25）。选择所有关键帧，点击F9键，将关键点运动方式更改为"缓动"。

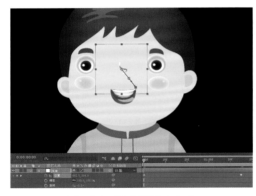

图5-24　五官移至左上方

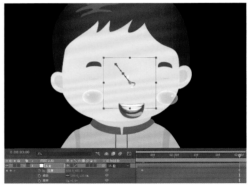

图5-25　五官移至右下方

提示

之所以制作角色五官从左上到右下的运动效果，抑或从右上到左下的运动效果，是为了拓展角色表情的移动范围。如果只制作五官的上下或者左右的运动，就会限制角色五官的移动范围，这属于软件的使用技巧。需要注意的是，可以适当加大五官在脸部的运动范围，制作出夸张的动画效果。

④ 将时间轴拖到第0帧，即五官在左上方的位置时，选中"左耳""右耳"两个图层，开启"位置"属性关键帧，将耳朵向右下移动，创建第一个关键帧（图5-26）。将时间轴拖曳到第3秒，即五官在右下方的位置时，将耳朵向左上移动，生成第二个关键帧（图5-27）。

图5-26　耳朵向右下移动

图5-27　耳朵向左上移动

⑤ 将时间轴拖到第0帧，即五官在左上方的位置，选择"头发"图层，开启"位置"属性关键帧，将头发向左上移动，创建第一个关键帧（图5-28）。将时间轴拖到第3秒，即五官在右下方的位置，将头发向右下移动，生成第二个关键帧（图5-29）。

图5-28　头发向左上移动

图5-29　头发向右下移动

5.2.3　设置控制器

① 为了方便观察画面效果，将"合成设置"的"背景颜色"调整成白色（RGB：0，0，0）。在"窗口"菜单中点击"Duik Bassel 2.jsx"开启脚本。进入"绑定"＞"链接与约束"面板，单击 🔗 "连接器"右侧的圆形按钮 ⊙ "高级连接器"，进入"连接器"工具的界面（图5-30）。

② 创建连接器。单击 ⬇ "创建滑块连接器"，时间轴面板出现"控制器"图层，合成窗口中出现滑动控制器图形，将控制器重命名为"口型控制"（图5-31）。

图5-30　"连接器"工具的界面

图5-31　创建"口型控制"连接器

③ 连接口型图层。选中"嘴巴（微笑）""嘴巴（自然）""嘴巴（说话）"三个图层，单击Duik面板中的 ◎ "连接至不透明度"（图5-32）。连接成功后，在合成视图中拖动滑块，查看口型变化（图5-33）。

图5-32　单击"连接至不透明度"

图5-33　拖动滑块

④ 创建控制器。单击"连接器"面板的 ◎ "创建2D滑块控制器"，将生成的控制器重命名为"五官控制"（图5-34）。将"效果控件"面板的"Handle"＞"Color"设置为蓝色（RGB：40，10，255）（图5-35）。

图5-34　创建"五官控制"控制器

图5-35　设置颜色

⑤ 打开"五官"图层的"位置"属性，单击鼠标右键，在弹出的快捷菜单中执行"单独尺寸"命令，使"X位置"与"Y位置"属性分开显示（图5-36）。

⑥ 连接控制器属性。选择"X位置"属性，再选择"连接器"

图5-36　执行"单独尺寸"命令

面板中"Axis"的"X"，单击"连接至属性"（图5-37）；选择"Y位置"属性，选择"连接器"面板中"Axis"的"Y"，单击"连接至属性"完成连接（图5-38），拖动滑块查看画面效果。

图5-37　连接"X位置"属性

图5-38　连接"Y位置"属性

⑦ 使用同样的方法独立"左耳""右耳""头发"的"X位置"和"Y位置"，并分别连接到"五官控制"控制器的"Axis">"X""Y"（图5-39），实现面部动画效果（图5-40）。

图5-39　连接"左耳""右耳""头发"

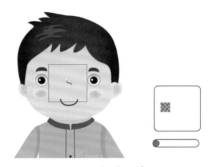

图5-40　面部动画效果

⑧ 创建连接器。单击█ "创建滑块连接器"，命名为"眼睛控制器"，将"效果控件"面板的"Handle">"Color"设置为黄色（RGB：255，210，0）（图5-41）。

⑨ 连接控制器属性。选择"左眼""右眼"图层的"缩放"属性，点击Duik面板的"连接至属性"，控制器连接完成，两只眼睛使用一个控制器即可（图5-42）。

图5-41　创建"眼睛控制器"　　　　　图5-42　连接控制器属性

⑩ 通过三个控制器，就可以制作成完整的角色表情动画（图5-43）。

（a）　　　　　　　　　　　　　（b）

图5-43　角色表情动画

5.3　综合案例：角色行走动画

设计构思：本案例讲解利用Duik脚本制作角色行走动画的方法，这是MG动画中重要的知识点（图5-44）。制作时要熟悉Duik插件的工具效果，合理设置角色各部分身体结构的锚点，并添加控制器控制身体四肢和躯干，最后要根据行走的运动规律设置角色骨骼的关键帧动画，合理地表现角色四肢和躯干的运动曲线。

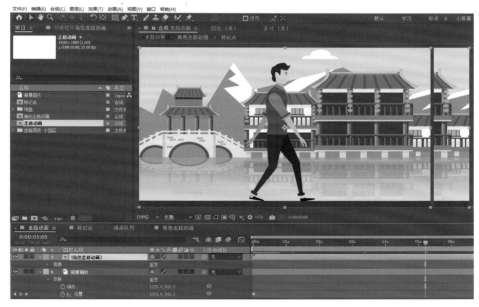

图5-44　角色行走动画案例

　　本案例制作步骤如下。

5.3.1 设置行走角色骨骼绑定

▶ 视频教程 ◀

　　① 在Illustrator软件中打开"角色走路.ai"文件，人物角色已经绘制完成（图5-45），为了方便动画操作，身体的各部位已经进行单独分层。

　　② 打开After Effects软件，导入"角色走路.ai"文件。"导入类型"设置为"合成"，"合成设置"的"背景颜色"设置为白色（RGB：255，255，255）（图5-46）。

图5-45　导入文件"角色走路.ai"　　　　　图5-46　合成设置

③ 调整图层锚点。本案例的角色是人类，设置锚点位置的依据是能够实现合理的动态效果。在主工具栏选择▣"向后平移锚点工具"，在合成窗口中将"头"图层的锚点移动到脖子，将"右大臂"图层的锚点移动到肩膀处，将"右小臂"图层的锚点移动到肘部，将"右手"图层的锚点移动到手腕处（图5-47）。由此类推，将大腿图层的锚点移动到盆骨，小腿图层的锚点移动到膝盖，脚部图层的锚点移动到脚踝，可按照绿色标记点调整锚点位置（图5-48）。锚点的设置关系到角色各部分动画是否合理，因此需要仔细调整，可以配合"旋转"属性进行测试。

④ 创建骨骼链接。打开Duik Bassel 2.jsx插件，进入"绑定" > "链接与约束"面板。首先绑定右胳膊，这里采用IK链接方式控制胳膊运动，图层的选择顺序必须从末端开始。因此首先选择"右手"，再选择"右小臂"，再选择"右大臂"，保持三个图层的选择状态（图5-49），点击▣"自动化绑定和创建反向动力学"，在合成窗口中出现控制器图标，骨骼链接创建完成。在时间轴面板将控制器图层重命名为"右胳膊"（图5-50）。

  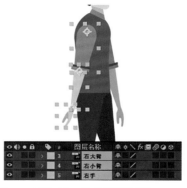 

图5-47　调整图层锚点　　图5-48　参考标记点　　图5-49　选择胳膊图层　　图5-50　应用控制器

⑤ 校对控制器。选择"右胳膊"控制器，在合成窗口移动控制器图标时，发现右臂的运动效果是错误的，需要调整控制器的作用方向（图5-51）。在"效果控件"面板选择"IK | 右手" > "Reverse"的复选框☑，取消勾选状态，此时胳膊的运动状态恢复正常（图5-52）。

  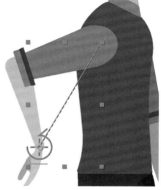

图5-51　胳膊运动错误　　　　图5-52　调整控制器选项（1）

⑥ 当拖曳控制器图标时胳膊产生拉伸错误（图5-53），选择"IK｜右手"＞"Stretch"＞"Auto-Stretch"的☑，取消勾选状态，再次运动时胳膊即正确显示（图5-54）。

图5-53　胳膊拉伸错误　　　　　　　　图5-54　调整控制器选项（2）

⑦ 选择"IK｜右手"＞"Display"＞"Draw guides"的☑，取消勾选状态，即隐藏控制器的引导线（图5-55）。

⑧ 采用同样的方法制作左胳膊的IK链接，依次选择"左手""左小臂""左大臂"三个图层，点击 ✔，"自动化绑定和创建反向动力学"，将生成的控制器重命名为"左胳膊"。

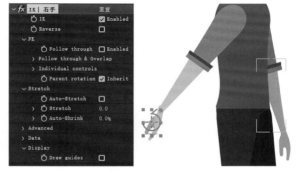

图5-55　隐藏引导线

在"效果控件"面板打开"控制器"＞"Icon"＞"Color"，设置为蓝色（RGB：10，220，250）。校对控制器，根据运动结果调整"Reverse""Auto-Stretch"选项（图5-56）。

⑨ 制作腿部的骨骼链接。采用同样的方法制作"右腿""左腿"两个控制器，图标颜色分别调整为绿色（RGB：10，250，10）和黄色（RGB：230，250，0），并调整"Reverse""Auto-Stretch"选项（图5-57），保证正确的运动结果。

图5-56　制作左手的IK链接　　　　图5-57　制作腿部的骨骼链接

⑩ 创建躯干控制器。选择"躯干"图层，将锚点移动到腹部。进入Duik脚本的"绑定">"创建控制器"面板，点击🦋"盆骨控制器"（图5-58），将生成的控制器重命名为"躯干控制器"。通过◎"父级关联器"将"躯干"图层链接到"躯干控制器"（图5-59）。

图5-58 应用"盆骨控制器"

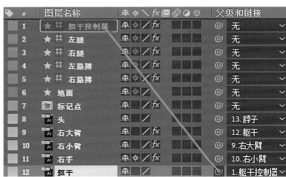

图5-59 链接"躯干控制器"

⑪ 设置图层的父子链接关系。将"躯干"图层作为父子图层的最高等级，选择"右大臂""右大腿""左大臂""左大腿""脖子"图层，链接到"躯干"图层（图5-60）。将"头"图层链接到"脖子"图层（图5-61）。完成角色各部分图层的链接关系后，可以通过移动"躯干控制器"进行检验。

图5-60 链接到"躯干"图层

图5-61 链接到"脖子"图层

5.3.2 制作行走动画

① 创建地面图层。新建一个形状图层，使用▭"矩形工具"在合成窗口创建一个矩形，命名为"地面"（图5-62）。点击形状图层前面的🔒"锁定"，防止图层误操作。

② 在设置角色走路动画之前，需要熟悉角色走路的运动规律，理解并掌握躯干和四肢的运动规律和运动方式，这样才能够合理设置运动动画。设计师可以学习《动画师生存手册》等经典书籍，查找相关的运动参考资料（图5-63）。

图5-62 创建地面

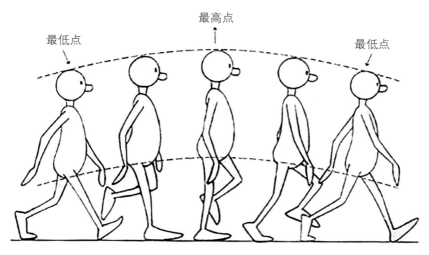

图5-63　走路动作参考

③ 设置走路的起始姿态。将时间轴拖到第0帧，调整"躯干控制器""左腿""右腿""左胳膊""右胳膊"控制器的"位置"属性参数，也可以在合成窗口中直接拖动控制器调整角色动态，调整要求：躯干下移，位于两腿之间，左右两腿弯曲并交叉，左右胳膊的交叉状态与腿部相反，整体动作自然舒展（图5-64）。如果手腕出现错误，后期可以通过调整控制器的"旋转"属性进行修改，这里先不需要设置。

④ 在时间轴窗口选择"躯干控制器""左腿""右腿""左胳膊""右胳膊"的控制器，点击Duik面板中的"绑定">"链接和约束">"归零器"，将控制器的"位置""旋转"等属性重置为"0"，作为角色初始动作（图5-65）。

图5-64　设置初始动作

图5-65　应用"归零器"

提示 Duik脚本默认的使用模式是"新手模式"，需要修改为"标准"才会出现"归零器"。具体修改方法为：点击Duik面板右下角的🔧"Change the Setting"进入"用户界面"，点击"新手模式"前面的☰，在弹出的面板中选择"标准"，再点击下方的"应用更改"即可（图5-66）。

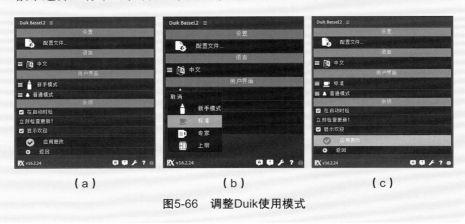

（a）　　　　　　　　　（b）　　　　　　　　　（c）

图5-66　调整Duik使用模式

⑤ 将时间轴拖到第0帧，选择所有的控制器，开启"位置"属性的关键帧，创建第一个关键帧。将时间轴拖到第16帧，通过调整"左腿""右腿""左胳膊""右胳膊"控制器的"位置"属性，使角色的左与右胳膊、左与右腿的位置交叉，形成与第0帧的对称动作姿态，生成第二个关键帧（图5-67）。将时间轴拖到第1秒7帧，将第0帧创建的关键帧复制到1秒7帧，使角色动作回到初始状态，生成第三个关键帧，由此角色走路动作实现了一个循环（图5-68）。

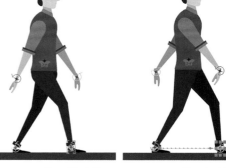

图5-67　第16帧动作　　图5-68　第1秒7帧动作

提示 该动画合成设置为25帧每秒，每间隔16帧设置一个动作，因此第三个关键帧是第1秒7帧，之所以使用偶数帧制作角色动画，是因为走路动画是循环动画，在进行动作分解的时候，偶数帧便于动作时间的等分，有利于实现角色动作的对称性。

⑥ 调整角色各个部位的运动路径。选择"右腿"控制器，将时间轴拖到第16帧，在工具栏中点击✐"钢笔工具">◤"转换顶点工具"，在合成窗口中调整"右腿"控制器运动路径，选择第0帧关键帧的控制柄，将运动路径由直线调整为弧线（图5-69）（调整

的是"右腿"控制器在第0帧创建的关键帧，即表示脚往前运动的时候抬脚动作的初始点）。拖动时间轴可以发现，"右腿"控制器在运动时已经离开地面，呈现抬脚的状态（图5-70）。

⑦ 将时间轴拖到第1秒7帧，选择"左腿"控制器，使用 "转换顶点工具"选择第16帧的关键帧控制柄，将运动路径由直线调整为弧线，调整时需要按住"Alt"键，防止关键帧的相邻控制柄发生变化（图5-71）。再次观察第0帧到第1秒7帧的动画，角色走路时呈现抬脚状态（图5-72）。

⑧ 运用同样的方法，将"左胳膊""右胳膊"控制器的运动路径调整为弧线，实现正确的左右手摆动效果。需要注意的是左右手的整个运动路径都是弧线，这点区别于左、右脚的运动

图5-69　调整运动曲线（1）　　图5-70　查看走路动作状态（1）

图5-71　调整运动曲线（2）　　图5-72　查看走路动作状态（2）

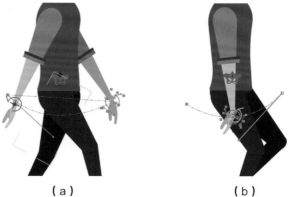

（a）　　　　　　　　　　（b）

图5-73　设置两只手的运动路径

路径，这是由于脚部落地时需要支撑地面，而胳膊则在空中来回摆动，因此是循环的弧线运动效果。使两只胳膊在第0帧～第16帧的运动路径与第16帧～第1秒7帧的路径尽量重合，实现摆臂动作的连贯性和一致性（图5-73）。

⑨ 设置躯干动画。参考图5-64的效果，在走路时，躯干的运动路径呈现上下起伏的状态。将时间轴拖到第0帧，角色两腿分开，躯干处于最低点。将时间轴拖到第8帧，将"躯干控制器""位置"属性的"Y轴"设置为负值，使角色呈单腿直立状态，躯干处于最高点（图5-74）。

⑩ 第16帧和第1秒7帧，角色再次呈现双腿分开的状态，复制第0帧的关键帧并粘贴到第16帧和第1秒7帧；第24帧角色呈单腿直立状态，复制第8帧的关键帧并粘贴到第24帧。完成角色运动效果（图5-75）。

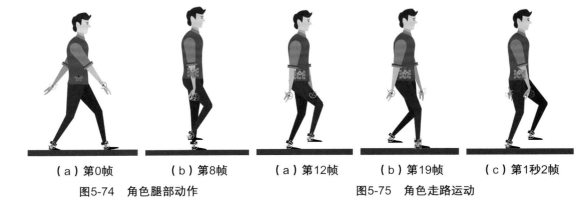

（a）第0帧　　　　（b）第8帧　　　　（a）第12帧　　　　（b）第19帧　　　　（c）第1秒2帧

图5-74　角色腿部动作　　　　　　　图5-75　角色走路运动

⑪ 设置脚部的动画效果。将时间轴拖到第0帧，选择"左腿""右腿"控制器，开启"旋转"属性关键帧，"左腿"的"旋转"属性参数设置为"0x-10°"，呈现脚跟着地的状态，"右腿"的"旋转"属性参数设置为"0x+10°"，呈现脚尖朝下的状态，作为第一组关键帧。将时间轴调整到第16帧，"左腿"的"旋转"属性参数设置为"0x+10°"，"右腿"的"旋转"属性参数设置为"0x-10°"，作为第二组关键帧。将时间轴调整到第1秒7帧，复制第0帧创建的"旋转"关键帧并进行粘贴，作为第三组关键帧，形成循环动画效果（图5-76）。

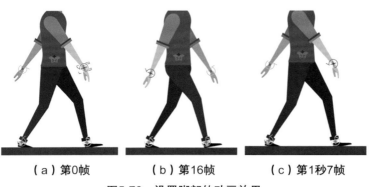

（a）第0帧　　　　（b）第16帧　　　　（c）第1秒7帧

图5-76　设置脚部的动画效果

提示　角色脚部动画可以细分为脚跟和脚趾两个部位，这两部分需要根据走路、跑步的动态进行单独设置，但是作为MG动画可以简化脚部的动画效果。这里将整个脚部设置为一个整体，简单地概括为接触地面时是脚跟着地、离开地面时是脚尖着地，因此，走路时需要将脚部进行适当的旋转。

⑫ 设置手部动作。将时间轴拖到第0帧，选择"左胳膊""右胳膊"控制器，打开"旋转"属性关键帧，将"左胳膊"控制器"旋转"属性调整为"0x+40°"，"右胳膊"控制器"旋转"属性调整为"0x-40°"，作为第一组关键帧。将时间轴拖到第16帧，将"左胳膊"控制器"旋转"属性调整

（a）第0帧　　　　　（b）第16帧

图5-77　设置手部动作

为"0x-20°"，"右胳膊"控制器"旋转"属性调整为"0x+0°"，作为第二组关键帧。将时间轴拖到第1秒7帧，复制第0帧的"旋转"属性并进行粘贴，作为第三组关键帧（图5-77）。手部的旋转角度可以自由调整，以自然舒展为主。

⑬ 优化角色动作。选择所有控制器的所有关键帧，在时间轴窗口点击右键，选择"关键帧辅助">"缓动"，角色动画的过渡会更加舒缓（图5-78）。

⑭ 设置循环动画。选择"左腿"控制器，按住Alt键并点击"位置"属性关键帧秒表，开启表达式，在表达式语言菜单中选择"Propery">"loopOut(type

图5-78　设置"缓动"

="cycle",numKeyframes =0)"，实现"左腿"的"位置"属性的无限循环动画，用同样的方法设置"左腿"的"旋转"属性的循环动画以及其他控制器的循环动画，所有设置过关键帧的图层全部实现循环动画（图5-79）。

⑮ 选择所有图层，点击快捷键Ctrl+Shift+C生成预合成，命名为"角色走路动画"。随后拖入背景图片，设置自左至右的"位置"属性关键帧，完成最终动画效果（图5-80）。

图5-79　设置循环动画

（a）第22帧

（b）第3秒1帧

（c）第7秒17帧

（d）第9秒10帧

图5-80　最终角色行走动画效果

小结

　　本章讲解使用Duik Bassel插件制作角色动画的方法和技巧，包括表情动画、走路动画、骑车动画等。角色动画是MG动画设计的重要组成，Duik Bassel插件的安装及使用、角色动画的重点难点等知识点是设计师必要的学习内容，对提升MG动画的角色动画制作效果、制作效率具有重要意义。

＜ 拓展训练

　　使用Duik Bassel插件制作角色骑车动画（图5-81）。

（a）第13帧

（b）第2秒23帧

图5-81　角色骑车动画案例

第 **6** 章 | **MG文字动画**

素质目标 ● 培养空间想象能力和创新意识；
　　　　　 培养综合分析处理问题的能力。
能力目标 ● 掌握MG文字动画制作的方法与技巧；
　　　　　 熟悉MG文字动画的常用设置。

MG动画中，文字动画是常见的动画类型，文字本身也是一种图形，是辨识度更高的信息图形。在制作动画时使用文字，一是可以丰富画面的视觉效果，明确版面的主次关系，二是能增强表达效果，传播更有效的信息（图6-1）。

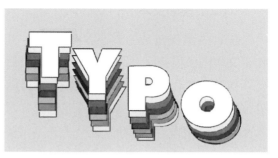

图6-1　MG文字动画

6.1 文本工具概述

After Effects软件的文本工具使用方法简单，包括文本类型以及"段落"面板、"字符"面板等工具，但是文本动画制作器及其属性设置复杂，需要了解并熟悉相关的使用方法和技巧。

6.1.1 文本工具简介

After Effects软件的文本工具包括 **T** "横排文字工具"和 **T** "直排文字工具"，分别用于创建横向文字和竖向文字（图6-2）。创建的文本分为"点文本"和"段落文本"两种类型，并且可以通过设置"段落"面板和"字符"面板的属性为文本添加颜色、描边等效果，或进行一些简单的排版。

图6-2　文本工具

（1）点文本

包含横排或直排的文本，用于制作少量的文字。点文本的每一行都是相互独立的，随着文字的增加或减少，会自动调整行的长度而不会自动换行。

使用文字工具后，将鼠标指针放在合成窗口时会变为▨，在目标位置处单击（该位置为文本插入点）即可转入文本编辑模式，同时会自动创建一个文字图层。输入文本后，可以通过选择其他工具或单击其他面板的方式结束文本编辑，这时文字图层会根据输入的文本自动命名（图6-3）。

图6-3　点文本

（2）段落文本

包含大量横排或直排的文字文本，用于制作正文类的大段文字动画。使用文字工具后，将鼠标指针放在合成窗口时会变成▨，在目标位置处按住并拖曳鼠标即可创建一个定界框，同时转入文本编辑模式，并自动新建一个文字图层（图6-4）。

段落文本与点文本不同，当文本长度超过定界框的范围时会自动换行，最后一行的文字

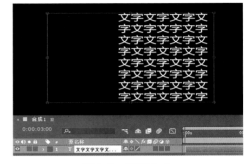

图6-4　段落文本

超出范围后将不再显示。定界框的大小可以随时更改，此时文本也会随着定界框的改变而重新排列。

 提示　激活文本工具后，在合成窗口面板中任意空白处单击鼠标右键，在弹出的菜单中选择"转换为点文本"或"转换为段落文本"选项，即可对文本的类型进行转换（图6-5）。需要注意的是，在段落文本转换为点文本后，位于定界框之外的字符都将被删除。为了避免丢失文本，最好事先调整定界框的大小，使所有文字都在定界框范围内。

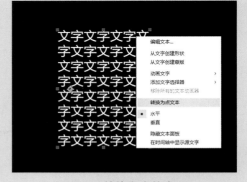

图6-5　转换文本的类型

（3）"段落"面板和"字符"面板

创建文本图层后，选中文本图层或文本图层中的部分文本，可以通过"段落"面板和"字符"面板中的功能来编辑文本的段落和字符属性。

"段落"面板主要用于设置文本段落的属性，包括对齐方式、缩进、段前或段后间距等属性（图6-6）。

"字符"面板主要用于设置字符的格式，包括字体、填充颜色和字体大小等属性（图6-7）。

图6-6 "段落"面板

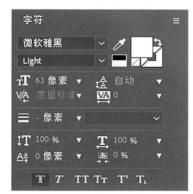

图6-7 "字符"面板

6.1.2 文本编辑应用

通过文本工具可以选择文字，制作动态文本，也可以生成文字路径。

（1）选择文字

将鼠标指针放在合成窗口的"文本"上时，会显示为 ▮ "编辑文本光标"，拖曳光标即可选中特定的文字，被选中的文字将高亮显示（图6-8），随后可以对文字内容进行编辑或者通过"段落"面板、"字符"面板编辑文本。

（2）动态文本

文本内容是由文字图层中的"源文本"属性决定的，除了可以直接在合成窗口中编辑文字，还可以通过修改"源文本"属性的值改变文本内容，如此就不必多次创建文字图层。通过对"源文本"属性添加关键帧或表达式，可以实现动态文字效果（图6-9）。

需要注意的是，"源文本"属性的关键帧均为"方形"的定格关键帧，因此"源文本"无法像其他属性一样实现平滑的过渡。

图6-8 选择文字

图6-9 动态文本

（3）文字路径

设置文字图层下的"路径选项"属性可以让文字沿某一路径排列。选中文字图层后，使用 "钢笔工具"绘制一条简单的曲线路径，然后为"路径"添加"蒙版"路径，这时文本将按"蒙版"路径排列，形成文字路径效果（图6-10）。

图6-10　文字路径

6.1.3　文本动画制作工具

设计师可以使用动画制作工具制作文字动画，也可直接使用动画预设生成文字动画。

（1）动画制作工具

动画制作工具可以自由地实现多样的文字动画效果。具体操作时首先点击"文本">"动画"后的 ▶ 按钮，在弹出菜单中选择合适的"动画制作器"工具（图6-11），以指定需要设置动画的属性，随后单击"动画制作工具">"添加"后的 ▶ 按钮，在弹出菜单中可以添加"属性"和"选择器"工具（图6-12），调整每个字符受动画制作工具影响的程度或范围。

图6-11　"动画制作器"工具　　　　图6-12　"属性"和"选择器"工具

（2）文本动画预设

After Effects软件提供了大量的文本动画预设，设计师可以直接使用文本动画预设生成文字动画，并修改关键帧及参数，使文字动画符合设计需求。具体应用时首先选择文字图层，打开"效果与预设"面板，展开"动画预设">"Text"，找到合适的预设（图6-13），用鼠标拖动文本动画预设到文字图层即可。

以文本预设动画"中央螺旋"为例（图6-14），文字应用"中央螺旋"后，点击快捷键

"U"快速显示关键帧，如同其他图层的关键帧动画一样，可以添加、删除或调整关键帧，并应用缓入、缓出等。

图6-13　文本动画预设

图6-14　"中央螺旋"

6.2　综合案例：文字展开动画

设计构思：本案例讲解利用文本工具制作文字展开动画的方法，这是MG动画中常见的文字动画效果（图6-15）。制作时首先创建文字，并修改文字属性，通过设置文本属性的关键帧动画制作动态的文字效果。

图6-15　文字展开动画案例

本案例制作步骤如下。

视频教程

6.2.1 创建文字图层

① 打开After Effects软件，新建合成并命名为"文字"，将"预设"设置为"HDTV 1080 25"，"帧速率"设置为"30帧/秒"，"持续时间"设置为"10秒"，"背景颜色"设置为淡蓝色（RGB：140，220，240）（图6-16）。

② 创建文字。选择 **T** "横排文字工具"，在合成窗口输入文字"科技赋能乡村振兴"，将"字体"设置为"微软雅黑"，"字体样式"设置为"Bold"，"字号"设置为"100像素"，"填充颜色"设置为白色（RGB：255，255，255），"段落"设置为 **≡** "居中对齐文本"，点击快捷键Ctrl+Alt+Home将锚点移动到形状图层中心，点击快捷键Ctrl+Home使合成居于画面中心（图6-17）。

图6-16　新建合成　　　　图6-17　创建文字"科技赋能 乡村振兴"

③ 添加文本属性。打开文字图层的属性，点击"文本">"动画"后的 **▶**，在弹出面板中选择"位置"，为文字添加"位置"属性（图6-18）。点击"动画制作工具1">"添加"后的 **▶**，选择"属性">"不透明度"，再次点击"动画制作工具1">"添加"后的 **▶**，选择"属性">"字符间距"属性（图6-19）。

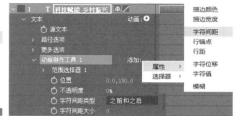

图6-18　添加"位置"属性　　　图6-19　添加"不透明度""字符间距"属性

④ 修改参数。打开"动画制作工具1">"范围选择器1"，将"位置"属性设置为"0，150"，"不透明度"属性设置为"0%"，"字符间距大小"属性设置为"-60"（图6-20），查看画面效果（图6-21）。

图6-20　修改三项参数

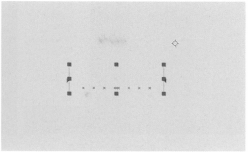

图6-21　画面效果（1）

6.2.2　创建文字动画

① 设置关键帧。将时间轴拖到第0帧，开启"范围选择器">"起始"的关键帧，将参数设置为"0%"，设置第一个关键帧。将时间轴拖到第1秒15帧，将参数设置为"100%"，生成第二个关键帧（图6-22）。选择2个关键帧，点击快捷键F9，生成缓动曲线，查看画面效果（图6-23）。

图6-22　生成关键帧

图6-23　画面效果（2）

② 点击 "图表编辑器"开启"图表编辑模式"，显示"速度图表"，选择两个关键帧的控制柄并调整曲线曲率，强化缓动曲线效果（图6-24），查看画面效果（图6-25）。

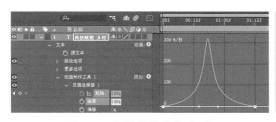

图6-24　调整曲线曲率（1）

图6-25　画面效果（3）

③ 先选择文字图层的"文本"属性，再点击"文本">"动画"后的 ，在弹出面板中选择"字符间距"（图6-26）。将时间轴拖到第1秒13帧，打开"动画制作工具2">"范围选择器"，开启"字符间距大小"的关键帧，参数设置为"0"，设置第一个关键帧。将时间轴拖到第2秒23帧，参数修改为"20"，生成第二个关键帧（图6-27）。选择2个关键帧，点击快捷键F9，生成缓动曲线。

图6-26　添加"字符间距"　　　　　图6-27　设置关键帧动画

④ 打开"图表编辑器"，显示"速度图表"，选择两个关键帧的控制柄，调整曲线曲率，强化缓动曲线效果（图6-28），查看画面效果（图6-29）。

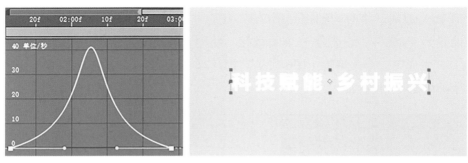

图6-28　调整曲线曲率（2）　　　　　图6-29　画面效果（4）

⑤ 调整图层。选择文字图层并复制一层，选择底层的文字图层，打开"缩放"属性，设置为"190，190%"（图6-30）。

⑥ 添加效果。选择"效果"菜单>"透视">"投影"，添加到底层的文字图层，"投影颜色"设置为深蓝色（RGB：20，100，150），"柔和度"修改为"200"（图6-31）。选择字体图层，将"字符"面板的"填充颜色"修改为淡蓝色（RGB：140，220，240）（图6-32）。

图6-30　复制图层并调整属性　　　图6-31　添加"投影"　图6-32　修改"填充颜色"

⑦ 调整细节，完成最终动画效果（图6-33）。

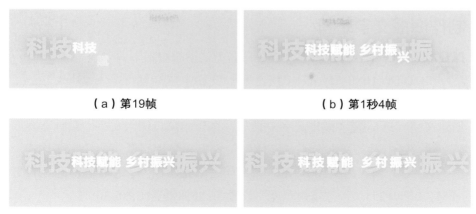

（a）第19帧 　　　　　　　　　　　（b）第1秒4帧

（c）第1秒26帧 　　　　　　　　　　（d）第2秒10帧

图6-33　最终文字展开动画效果

6.3　综合案例：动态海报动画

设计构思：本案例讲解制作MG动态海报动画的方法，使用文本工具、文字路径、表达式等进行制作（图6-34）。制作时首先创建文字，添加效果实现残影动画，然后设置表达式实现动画的循环，最后通过文字路径制作文字环绕的动画效果。

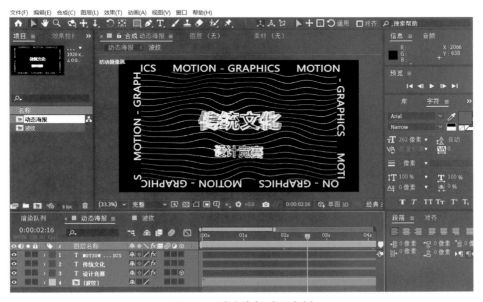

图6-34　动态海报动画案例

本案例制作步骤如下。

6.3.1 制作海报文字动画

① 打开After Effects软件，新建合成并命名为"动态海报"，"预设"设置为"HDTV 1080 25"，"帧速率"设置为"30帧/秒"，"持续时间"设置为"10秒"（图6-35）。

② 创建文字。选择 **T** "横排文字工具"，在合成窗口输入文字"设计竞赛"，"段落"设置为 **☰** "居中对齐文本"，"字体"设置为"微软雅黑"，"字体样式"设置为"Bold"，"字号"设置为"100像素"，关闭"填充颜色"，"描边颜色"设置为白色（RGB：255，255，255），"描边宽度"设置为"3像素"（图6-36）。

图6-35　新建合成"动态海报"

图6-36　创建文字"设计竞赛"

③ 设置关键帧。点击快捷键Ctrl+Alt+Home，将锚点移动到文字图层中心，将文字图层的"位置"属性设置为"960，650"（图6-37）。将时间轴拖到第0帧，开启 **⊙** "3D图层"工具，开启"Y轴旋转"属性关键帧，参数设置为"0x+0°"，创建第一个关键帧。将时间轴拖到第2秒，参数修改为"1x+0°"，生成第二个关键帧（图6-38）。

图6-37　锚点居中

图6-38　设置关键帧（1）

④ 调整曲线。选择创建的2个关键帧，点击快捷键F9生成缓动曲线。打开"图表编辑器"，显示"速度图表"，选择两个关键帧的控制柄并调整曲线曲率，强化缓动曲线效果

（图6-39），观看画面效果（图6-40）。

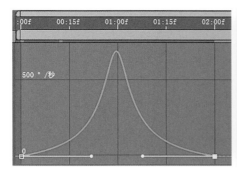

图6-39　强化曲线效果　　　　图6-40　观看画面效果（1）

⑤ 添加效果。选择"效果"菜单>"时间">"残影"，将"残影时间"设置为"-0.012"，"残影数量"设置为"9"（图6-41），观看画面效果（图6-42）。

图6-41　添加"残影"（1）　　　图6-42　观看画面效果（2）

⑥ 设置表达式。按住快捷键Alt并点击"Y轴旋转"关键帧记录器，开启表达式，在"表达式输入框"输入循环表达式：loopOut()（图6-43），观看画面效果（图6-44）。

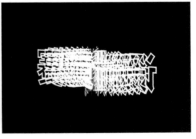

图6-43　设置表达式（1）　　　图6-44　观看画面效果（3）

⑦ 创建文字。选择"横排文字工具"，在合成窗口输入文字"传统文化"，将"段落"设置为 "居中对齐文本"，"字体"设置为"微软雅黑"，"字体样式"设置为"Bold"，"字号"设置为"140像素"，关闭"填充颜色"，"描边颜色"设置为白色（RGB：255，255，255），"描边宽度"设置为"5"像素（图6-45）。

⑧ 设置关键帧。点击快捷键Ctrl+Alt+Home，将锚点移动到文字图层中心，将文字的"位置"属性设置为"960，450"。将时间轴拖到第0帧，开启"缩放"属性关键帧，参数设置为"100，100%"，创建第一个关键帧。将时间轴拖到第1秒，参数设置为"130，130%"，生成第二个关键帧（图6-46）。

图6-45　创建文字"传统文化"　　　　　图6-46　设置关键帧（2）

⑨ 添加效果。选择"效果"菜单>"时间">"残影"，将"残影时间"设置为"-0.08"，"残影数量"设置为"6"，"衰减"设置为"0.8"（图6-47），观看画面效果（图6-48）。

图6-47　添加"残影"（2）　　　　　图6-48　观看画面效果（4）

⑩ 设置表达式。按住快捷键Alt点击"缩放"属性关键帧记录器，开启表达式效果，在"表达式输入框"输入循环表达式：loopOut('pingpong')（图6-49），观看画面效果（图6-50）。

图6-49　设置表达式（2）　　　　　图6-50　观看画面效果（5）

6.3.2 制作动态背景动画

① 新建形状图层，重命名"直线"。选择 "钢笔工具"，关闭"填充"，"描边颜色"设置为白色（RGB：255，255，255），"描边宽度"设置为"2像素"，在合成窗口中按住快捷键Shift创建直线（图6-51）。

② 添加"中继器"。选择"直线"图层，点击"内容">"添加"后的，在弹出面板中选择"中继器"（图6-52），将"中继器">"副本"设置为"24"，"变换：中继器">"位置"设置为"0，45"（图6-53）。

图6-51 创建直线

图6-52 添加"中继器"

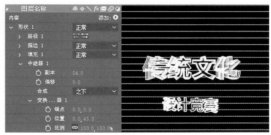

图6-53 修改两项参数

③ 设置表达式。按住快捷键Alt并点击"中继器">"偏移"属性键帧记录器，开启表达式，输入：time*－0.2（图6-54），使直线生成平移动画（图6-55）。

图6-54 设置表达式（3）

图6-55 生成平移动画

④ 添加效果。选择"效果"菜单>"扭曲">"湍流置换"，添加到"直线"图层，在"效果控件"面板中将"数量"设置为"50"，"大小"设置为"100"（图6-56）。按住快捷键Alt点击"演化"属性关键帧记录器，开启表达式，输入：time*15，使直线生成扭曲动画（图6-57）。

图6-56 添加"湍流置换"

图6-57 生成扭曲动画

⑤ 添加蒙版。点击快捷键Ctrl+Shift+C生成预合成，命名为"波纹"。在选中合成的状态下，双击主工具栏的"矩形工具"，就会自动生成一个蒙版（图6-58）。在合成窗口中双击蒙版的端点即选中蒙版，按住快捷键Shift+Ctrl将端点往画面中心拖曳，等比例缩放蒙版（图6-59）。

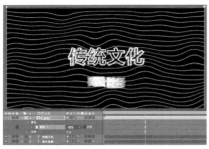

图6-58 生成蒙版

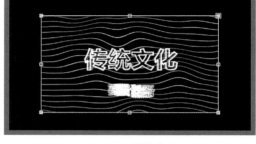

图6-59 缩放蒙版

⑥ 创建文字。选择"横排文字工具"，在合成窗口输入文字"MOTION- GRAPHICS"，"段落"设置为 "居中对齐文本"，"字体"设置为"微软雅黑"，"字体样式"设置为"Regular"，"字号"设置为"90像素"，"填充颜色"设置为白色（RGB：255，255，255），关闭"描边"（图6-60）。

⑦ 绘制蒙版。选择文字图层，在工具栏选择"矩形工具"，并在合成窗口绘制蒙版，蒙版的路径尽量与波纹的边缘重合（图6-61）。

图6-60 创建文字

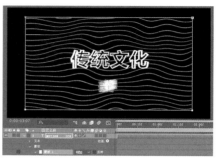

图6-61 绘制蒙版

⑧ 设置表达式。打开"文本">"路径选项">"路径",在复选框中选择"蒙版1",将"反转路径"设置为"开"。按住快捷键Alt点击"首字边距"属性关键帧记录器,输入表达式:time* − 150(图6-62),使文字沿着蒙版路径快速移动(图6-63)。

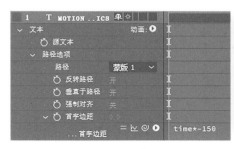

图6-62 设置表达式(4)　　　　图6-63 观看画面效果(6)

⑨ 添加效果。选择"效果"菜单>"时间">"残影",将"残影时间"设置为"6","残影数量"设置为"4"(图6-64),使文字围绕路径一圈(图6-65)。

图6-64 添加"残影"(3)　　　　图6-65 观看画面效果(7)

⑩ 调整细节,完成最终动画效果(图6-66)。

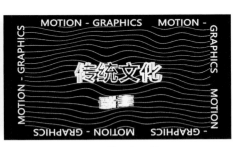

(a)第15帧　　　　　　　　(b)第3秒10帧

图6-66 最终动态海报动画效果

小结

　　本章详细介绍了文本工具的概念以及复杂文本动画的制作方法。文本动画是MG动画的重点内容，设计师可以利用文本的基本属性和相关工具制作出复杂的文字动画效果。熟悉和掌握文本的属性是学习文本动画的关键，也可以组合这些属性合成出富于变化的动画效果，这都需要在长期的实践中不断积累经验。

< 拓展训练

　　使用文本工具、特效工具制作传输故障动画（图6-67）。

（a）　　　　　　　　　　　　　　　　（b）

图6-67　传输故障动画案例

第 7 章 | MG动画插件及脚本

素质目标 ● 培养面对未来岗位转变的适应能力；
　　　　　　培养自学能力和解决问题的能力。

能力目标 ● 掌握MG动画常用插件及脚本的使用方法与技巧；
　　　　　　熟悉常用插件及脚本的设计效果和应用范围。

制作MG动画时往往需要模拟各种动画特效，例如生长、信号干扰、动力、重力等。为了实现具有冲击力的动态效果，可以借助第三方插件或脚本，这不仅能够大幅提升制作效率，省去调节关键帧的繁琐过程，而且能够增强画面的视觉效果。

After Effects软件兼容第三方插件和脚本，帮助设计师实现需要的特殊效果。其中，插件、脚本的安装方式和使用方式不尽相同，下面将重点讲解制作MG动画常用的几款插件和脚本。

7.1 插件概述

After Effects软件具有良好的拓展性，大量的第三方插件可以在软件中辅助动画的制作，因而成为MG动画设计的必备工具。

7.1.1 插件简介

插件，英文为plug-in，又称外挂，是一种由遵循一定规范的应用程序接口编写出来的程序，其作用是增加一些特定的功能。例如，Video Copilot Saber（视频辅助赛博）插件作为一款光晕插件（图7-1），可以快速模拟出能量光束、光剑、激光、传送门、霓虹灯、电流等效果，这是After Effects软件难以实现的，但借助该插件可以一键生成这些效果。

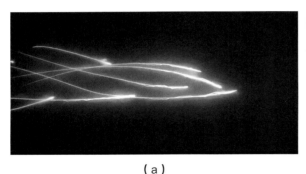
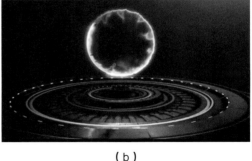

（a）   （b）

图7-1 Video Copilot Saber插件特效

7.1.2 插件安装

安装插件时，应注意插件是否兼容所使用的After Effects软件版本，以免安装后导致软件崩溃。一般的插件包括两种形式，一种是后缀名为.aex的插件，另一种是后缀名为.exe的插件。

下面以.aex插件的安装为例进行简要讲解。

步骤一：复制脚本".aex"文件夹到以下AE脚本目录中。

–（Windows）Program Files\Adobe\Adobe After Effects 版本\Support Files \Plug-ins

–（Mac OS）Applications（应用程序）/Adobe After Effects 版本\Plug-ins

步骤二：重启Adobe Effects后，执行"编辑首选项"＞"常规"命令，在弹出的对话框中勾选"允许脚本写入文件和访问网络"的复选框▣。

步骤三：执行"效果"＞"XXX.aex"命令，就可以使用。

7.2 Auto Fill（生长动画）插件

Auto Fill插件可以自动填充形状图层、文字图层和图像图层的动画路径，形成类似于成长的动画效果，为设计师节省了制作繁琐的遮挡和关键帧的时间，使动画制作过程更加高效快捷（图7-2）。

图7-2 Auto Fill插件效果

7.2.1 Auto Fill插件概述

Auto Fill插件设置的生长动画以图层或者图片的透明度作为填充以及生长的方向，无须设置关键帧，只需要设置生长起点并点击"播放键"就可以自动形成动画。启用Auto Fill效果后，默认情况下它以一个点为生长源，在合成窗口中可以自由调整生长点的位置。它适用于手写动画、植物生长动画、图标动画、插图动画等。

Auto Fill插件的界面如图7-3所示。

（a） （b） （c）

图7-3 Auto Fill**插件界面**

以下是Auto Fill插件的参数卷展栏。

"关于与支持"：提供插件的版本信息以及设置输出质量。

"生长"：设置生长来源的形式，包括"点""噪波""图层"，其中默认设置是"点"，并且可以设置生长来源的坐标位置和半径等。

"速度（每秒）"：设置生长动画的速度。

"速度贴图"：设置速度贴图的模式，形成多样的生长效果。

"边界＆桥接"：设置边界效果和桥接模式，其中桥接模式默认是关闭的。

"填充设置"：设置生长动画的模糊半径、曝光值等。

"样式生成器"：提供大量的生长样式预设模板，直接生成多样的动态效果。

7.2.2 案例实战：植物生长动画

设计构思：本案例讲解利用Auto Fill插件制作植物生长动画的方法（图7-4）。制作动画时要熟悉Auto Fill插件的各项参数，通过设置生长点和黑白通道实现合理的植物生成动画效果。

图7-4　植物生长动画案例

本案例制作步骤如下。

① 打开Adobe Effects软件，导入"植物.png"文件，将文件拖入项目窗口的  "新建合成"，快速生成合成文件，修改合成设置，将"持续时间"设置为"10秒"，"背景颜色"设置为黑色（RGB：0，0，0），如图7-5所示。

▶ 视频教程 ◀

图7-5　新建合成"植物"

② 选择"植物"图层，添加"效果"菜单>"Plugin Everything">"Auto Fill"插件（图7-6），点击快捷键"空格"播放动画，发现植物的生长动画已经形成（图7-7）。

图7-6 添加"Auto Fill"

（a） （b）

图7-7 播放生长动画（1）

③ 进入"效果控件"面板，打开"生长">"生长来源 – 点">"1 – 位置"，点击 🔲 "十字坐标"并移至"植物"图层的底部（图7-8），植物动画开始从底部生成（图7-9）。注意，该"十字坐标"必须设置在"植物"图层上，否则不起作用。

图7-8 移动"十字坐标" 图7-9 播放生长动画（2）

④ 复制图层。选择"植物"图层并复制一层，命名为"黑白"，置于"植物"图层的上方，并删除"黑白"图层"效果控件"面板的"Auto Fill"（图7-10）。

⑤ 添加效果。选择"效果">"颜色校正">"色调"，图层变成黑白效果，点击"交换颜色"（图7-11），使黑白颜色交换（图7-12）。

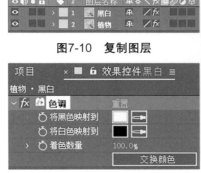

图7-10 复制图层

图7-11 点击"交换颜色"

图7-12 黑白颜色交换

⑥ 强化黑白效果。选择"效果"菜单>"颜色校正">"色阶"，在"效果控件"面板中将"输入黑色"设置为"157"，"输入白色"设置为"159"（图7-13）。在这里，白色作为首先显示的通道，黑色作为推迟显示的通道（图7-14）。

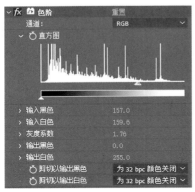

图7-13　修改色阶参数　　　　图7-14　制作黑白通道

⑦ 将"黑白"图层拖到"植物"图层的下方。选择"植物"图层，在效果控件面板中打开"速度贴图">"模式"后的复选框，在弹出栏目中选择"自定义图层"（图7-15），在"自定义图层">"图层"中选择"2.黑白""效果和蒙版"，并取消"关于与支持">"预览输入"前的复选框■（图7-16）。

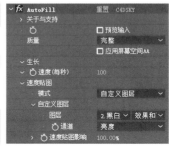

图7-15　选择"自定义图层"　　　图7-16　取消复选框

⑧ 隐藏"黑白"图层，播放动画，发现动画效果以树枝为中心，先出现树枝，随后出现树叶，基本实现了植物的生长效果（图7-17）。

⑨ 点击"样式生成器">"应用预设"后面的复选框，在弹出栏目中选择

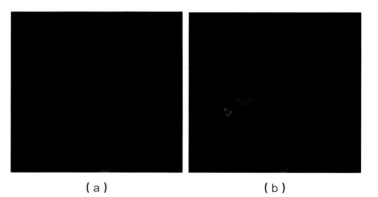

（a）　　　　　　　（b）

图7-17　生长动画效果

"Glow"（图7-18），将"速度（每秒）"的参数设置为"350"（图7-19）。

图7-18 应用"Glow"　　　　　图7-19 设置参数

⑩ 调整细节，完成最终效果（图7-20）。

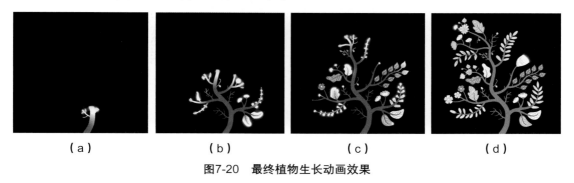

（a）　　　　　（b）　　　　　（c）　　　　　（d）

图7-20 最终植物生长动画效果

7.3 Twitch（信号干扰效果）插件

Twitch插件可用于制作具有视觉冲击力的华丽效果，目前被广泛应用于MG动画特效、MG动画转场和过渡等方面（图7-21）。

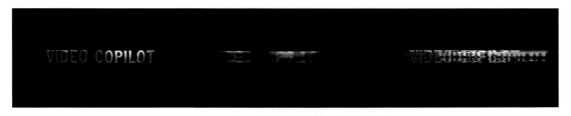

图7-21 Twitch（信号干扰效果）插件效果

7.3.1 Twitch插件概述

Twitch是Video Copilot公司出品的一款插件，它可以创建风格多样的视频效果，尤其是模拟类似信号干扰的特殊视觉效果，例如画面抖动、旧电影、画面破损，以及生成随机大小变化、画面色彩随机变化、RGB色彩分离等效果，它也被称为混乱插件。

Twitch插件的界面如图7-22所示。

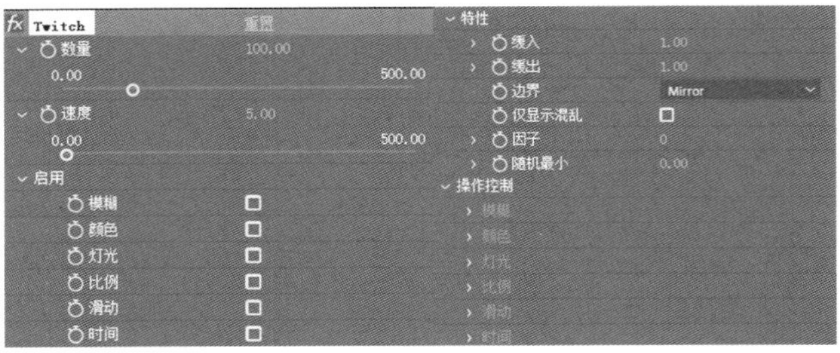

图7-22　Twitch插件界面

以下是Twitch插件的参数卷展栏。

"数量"：设置特效的应用数量。

"速度"：设置特效动画的速度。

"启用"：属于插件的6个内置预设，包括模糊、颜色、灯光、比例、滑动、时间等，可以控制生成丰富的特效效果。

"特性"：设置特效的缓入、边界、因子等细节效果。

"操作控制"：与"启用"预设相对应，可以设置每个预设模块的细节属性，产生丰富的特效变化。

7.3.2　案例实战：动感转场动画

设计构思：本案例讲解利用Twitch插件制作视频转场动画的方法（图7-23）。制作动画时要熟悉Twitch插件的各项参数，通过设置插件的"滑动""灯光"等参数实现动感转场的动画效果。

图7-23　转场动画案例

本案例制作步骤如下。

① 打开After Effects文件，导入"片段1""片段2""片段3""片段4""背景音乐"文件，新建合成并命名为"总合成"，"预设"设置为"HDTV 1080 25"，"持续时间"设置为"13秒"（图7-24）。

② 设置图层入点。将"片段1""片段2""片段3""片段4"拖入时间轴面板，自下而上依次排列，将"时间入点"依次设置为第0帧、第3秒、第6秒、第9秒（图7-25）。

③ 设置图层关键帧。创建调整图层，点击"效果">Video Copilot>Twitch添加到调整图层。进入"效果控件"面板，"速度"设置为"100"。将时间轴拖到第2秒，开启"数量"属性关键帧，参数设置为"0"，创建第一个关键帧。将时间轴拖到第3秒，参数设置为"100"，生成第二个关键帧（图7-26）。将时间轴拖到第4秒，参数设置为"0"，生成第三个关键帧。

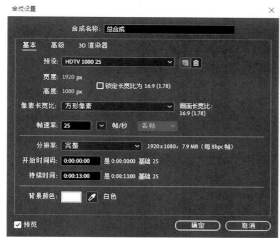

图7-24　新建合成

图7-25　设置图层入点

图7-26　第3秒关键帧

④ 开启滑动效果。勾选"启用">"滑动"工具后面的复选框█，画面即产生滑动效果（图7-27）。

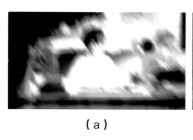

（a）

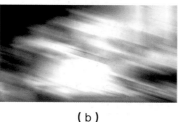

（b）

（c）

图7-27　开启滑动效果

⑤ 设置曲线效果。选择3个关键帧，点击F9生成"缓动"曲线，开启"图表编辑模式"，

显示"值图表",选择关键帧的控制柄并调整曲线曲率,强化缓动曲线效果(图7-28),查看动画效果,在2~3秒画面抖动效果逐渐变强,3~4秒抖动效果逐渐减弱(图7-29)。

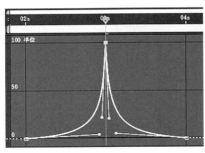

图7-28　调整曲线　　　　　　　　　　图7-29　抖动效果

⑥ 设置颜色分离效果。进入"效果控件"面板,打开"操作控制">"滑动",将"滑动RGB分割"参数设置为20(图7-30),画面即产生色彩分离效果(图7-31)。

图7-30　设置参数(1)　　　　　　　　图7-31　画面效果(1)

⑦ 开启灯光效果。进入"效果控件"面板,勾选"启用">"灯光"工具后面的复选框,打开"操作控制">"灯光",将"灯光混乱[秒]"参数设置为"5"(图7-32),查看画面效果(图7-33)。

图7-32　设置参数(2)　　　　　　　　图7-33　画面效果(2)

⑧ 开启比例效果。勾选"启用">"比例"工具后面的复选框。进入"操作控制">"比例", "比例数量"参数设置为"20"（图7-34），查看画面效果（图7-35）。

图7-34　设置参数（3）

图7-35　画面效果（3）

⑨ 复制关键帧。选择3个关键帧并点击快捷键Ctrl+C复制，将时间轴拖到第5秒、第8秒进行粘贴（图7-36）。

⑩ 调整细节，并将"背景音乐"拖入合成文件，完成最终效果（图7-37）。

图7-36　复制关键帧

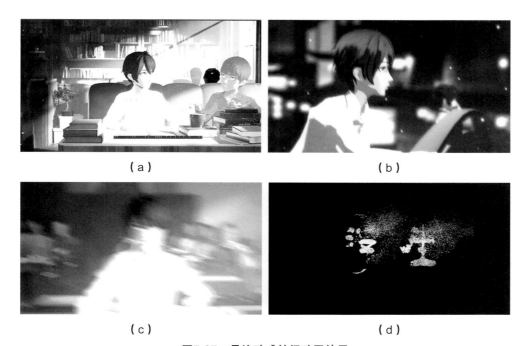

（a）

（b）

（c）

（d）

图7-37　最终动感转场动画效果

7.4 脚本概述

在After Effects软件中，脚本可以实现重复性任务、复杂特效计算等命令效果。因此，在制作MG动画时，脚本成为提高动画制作效率和实现复杂动画效果的重要工具。

7.4.1 脚本简介

脚本是依据一定的格式编写的可执行文件，After Effects软件中的脚本使用 Adobe Extend Script 语言编写，该语言是 JavaScript 的一种扩展形式。Extend Script文件具有.jsx和.jsxbin两种扩展名，例如 Motion Tools脚本（图7-38），它是 Motion Design School公司出品的一款常用的MG动画脚本，可以调节关键帧曲线、使锚点对齐，以及生成弹性动画、反弹动画效果等。

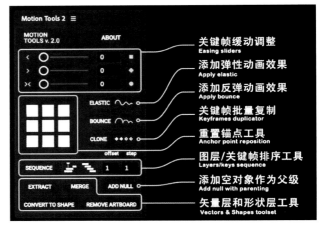

图7-38　Motion Tools脚本

7.4.2 脚本安装

不同脚本的功能复杂多样，大部分的安装步骤是类似的，例如Motion Tools脚本，Windows系统或者Mac OS系统都是安装到 Adobe After Effects CC\Support Files\ Scripts\Script UI Panels文件夹中，但是有些脚本不同。这里以Motion脚本为例，讲解它的安装步骤。

步骤一：复制脚本"Motion.jsx"文件夹到以下目录中。

Windows: C:\Program Files(x86)\Common Files\Adobe\ CEP\extensions；

Mac: Library/Application Support/Adobe/CEP/extensions.

步骤二：重启Adobe Effects后，执行"编辑首选项">"常规"命令，在弹出的对话框中勾选"允许脚本写入文件和访问网络"复选框▣。

步骤三：执行"窗口">"Motion"命令，进行激活后就可以使用。

7.5 Motion（图形动态）脚本

Motion，全称Mt.Mograph Motion，它拥有50种以上的工具和控件，包括曲线调节、颜色控制、中心点对齐、关键帧控制、滑块控制、图层控制等（图7-39）。Motion脚本被设计专业人士用于创建高端MG运动图形，无论是在视频制作、广告宣传、电影特效还是其他设计领域，Motion脚本都能够为设计师提供帮助。

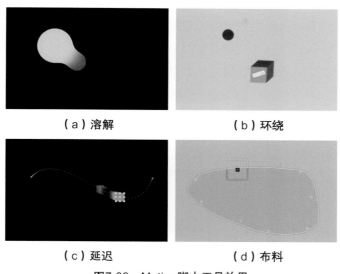

（a）溶解　　　　　　　　　（b）环绕

（c）延迟　　　　　　　　　（d）布料

图7-39　Motion脚本工具效果

7.5.1 Motion脚本概述

Motion脚本安装完成后，它的开启是在"窗口"菜单>"扩展"中。Motion脚本的工作界面如图7-40所示。

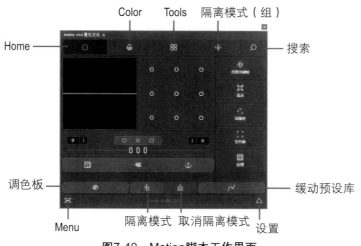

图7-40　Motion脚本工作界面

以下是Motion面板的功能介绍。

"Home"：主面板，包括动画曲线、锚点设置，以及部分常用的工具等。

"Color"：设置图层的色彩（图7-41）。

"Tools"：包含了几十种设置动画效果的工具，属于该脚本的重要控件（图7-42）。

"隔离模式（组）"：设置隔离选择的图层对象、自定义图层组（图7-43）。

"搜索"：搜索Motion内置的功能（图7-44）。

"调色板"：设置调色板列表并应用色彩（图7-45）。

"隔离模式"：选择图层对象并进行单独显示。

"取消隔离模式"：取消单独显示的功能。

"缓动预设库"：设置预设的缓动曲线库（图7-46）。

"Menu"：设置Motion的后台组件。

"设置"：管理Motion的前台和面板组件。

图7-41　"Color"

图7-42　"Tools"

图7-43　"隔离模式（组）"

图7-44　"搜索"

图7-45　"调色板"

图7-46　"缓动预设库"

下面主要介绍"Tools"面板中包含的动画效果工具。"Tools"面板中共包含了33种工具（图7-47），部分工具介绍如下。

"爆炸"：在MG动画制作中运用较多，可以直接生成一个爆炸效果图层，并能设置数量、时长、幅度、色彩等。

"弹性"：选择两个关键帧后，单击该选项可以做出惯性回弹的效果，可以调整回弹的力度和次数等参数。

"克隆"：可以实现在多个图层中同时复制多个关键帧的操作。

"弹跳"：可以用来制作弹跳效果，通常用来制作类似于球体落地反弹的弹跳效果。

"重命名"：用来重新设置图层的名称，对合成不起作用。

"环绕"：设定一个图层作为中心，其他图层围绕该图层做环绕运动。

图7-47 "Tools"面板

"空对象"：创建一个新的空图层的同时使其成为所选的图层的父对象。

"连线"：为选中的两个图层创建连线，可调整粗细和颜色。

"旋转"：让物体以自身锚点为中心进行旋转。

"溶解"：可以形成融球动画效果。

7.5.2 案例实战：logo弹出动画

设计构思：本案例讲解利用Motion脚本制作志愿者logo弹出动画的方法（图7-48）。制作动画时要熟悉Motion脚本插件中各项工具的使用方法和效果。首先使用"空对象"制作logo的厚度，再通过"弹性工具"制作logo弹出效果以及直线路径的跟随效果。最后通过"爆炸工具"制作爆炸散开的装饰效果。

图7-48 志愿者logo弹出动画案例

本案例制作步骤如下。

① 打开After Effects软件，选择预设"HDTV 1080 25"新建合成，命名为"志愿者logo弹出"，"持续时间"设置为"5秒"，"背景颜色"设置为蓝色（RGB：80，180，250）。导入"logo.png"文件，拖入到合成中（图7-49）。

▶ 视 频 教 程 ◀

图7-49　创建合成并导入文件

② 设置表达式。选择"logo"图层，开启 "3D图层"。点击快捷键P打开"位置"属性，选择"位置"属性，点击右键，在弹出菜单中选择"单独尺寸"，使"X位置""Y位置""Z位置"属性独立（图7-50）。按住Alt键点击"Z位置"的关键帧记录器，开启表达式，并在表达式输入框输入"index"（图7-51）。

图7-50　独立"位置"属性

图7-51　设置表达式

> **提示** 该案例中使用index（索引）表达式，代表"图层数字参数"会被引用到"Z位置"的坐标上，即如果该图层参数是1，那"Z轴"坐标就是"1"，即如果该图层参数是2，那"Z轴"坐标就是"2"。

③ 设置logo厚度。选择"logo"图层，点击快捷键Ctrl+D复制图层，共复制29个图层。打开"窗口"＞"扩展"＞"Motion"插件，进入"Tools"面板，选择所有的logo图层，点击"空对象"工具（图7-52），即所有的logo图层链接到"空对象"（"空对象"

是自动生成的），将"空对象"重命名为"控制层"，开启"控制层"的  "3D图层"工具，使用"Y轴旋转"属性查看图层厚度（图7-53）。

图7-52　使用"空对象"工具

图7-53　查看图层厚度

④ 设置位移动画。将时间轴拖到第10帧，开启"控制层"的"位置"属性关键帧，设置第一个关键帧。将时间轴拖到第0帧，参数修改为"960，1250，0"，生成第二个关键帧（图7-54），设置logo自下而上出现的动画（图7-55）。

图7-54　设置关键帧（1）

图7-55　查看动画效果（1）

⑤ 设置弹性效果。选择创建的两个关键帧，点击Motion脚本的"弹性"工具（图7-56），"logo"图层自上而下的动画会产生回弹效果（图7-57）。

图7-56　应用"弹性"工具

图7-57　查看动画效果（2）

⑥ 将时间轴拖到第0帧，开启"X轴旋转""Y轴旋转"属性关键帧，创建第一个关键帧。将时间轴拖到第12帧，设置"X轴旋转""Y轴旋转"的数值为"1x+0°"，生成第二个关键帧（图7-58）。选择创建的四个关键帧，点击Motion脚本的"弹性"，此时"旋转"属性产生回弹效果（图7-59）。

图7-58　设置关键帧（2）

图7-59　查看动画效果（3）

⑦ 设置颜色。点击快捷键Ctrl+Alt+Y快速创建一个调整图层，重命名为"颜色"，放在"控制层"和一个logo图层下方（图7-60）。选择"颜色"图层，添加"效果">"颜色校正">"曲线"，调整RGB曲线，查看画面效果（图7-61）。

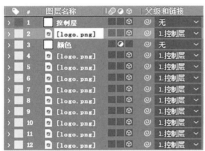
图7-60　调整图层顺序

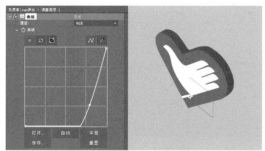
图7-61　调整曲线

⑧ 创建直线。新建形状图层，重命名为"直线"，选择在主工具栏选择 "钢笔"工具，关闭"填充"，"描边颜色"设置为红色（RGB：230，35，20），"描边宽度"设置为"20像素"，按住Shift键在合成窗口绘制一条直线（图7-62）。打开"直线"图层的"内容">"形状">"描边"，将"线段端点"修改为"圆头端点"（图7-63）。

图7-62 创建直线

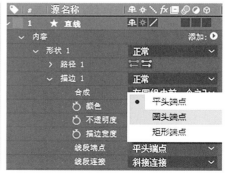
图7-63　设置"线段端点"

⑨ 设置路径动画。选择"直线"图层，在内容里添加"修剪路径"。将时间轴拖到第2帧，开启"修剪路径">"开始"关键帧，参数设置为"100"，设置第一个关键帧。将时间轴拖到第11帧，参数设置为"0"，生成第二个关键帧。将时间轴拖到第4帧，开启"结束"关键帧，参数设置为"100"，创建第一个关键帧。将时间轴拖到第13帧，参数设置为"0"，生成第二个关键帧（图7-64），查看动画效果（图7-65）。

图7-64　设置路径动画

图7-65　查看动画效果（4）

⑩ 调整动画效果。选择"开始""结束"创建的四个关键帧，进入Motion插件"Home"面板，将 ⟩ "Out（输出）"设置为"100"，⟨ "In（输入）"设置为"10"，查看曲线效果（图7-66）。观察合成窗口的动画效果，直线会形成加速的动画效果（图7-67）。

图7-66　修改动画曲线

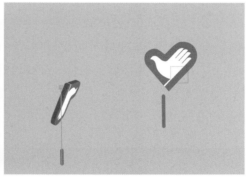

图7-67　查看动画效果（5）

⑪ 复制"直线"图层，重命名为"直线2"，并调整"位置"属性参数，使其与原来的"直线"图层平行，调整"描边宽度"的数值为"15"（图7-68），查看动画效果（图7-69）。

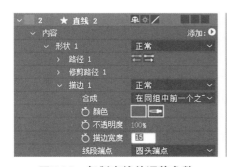

图7-68　复制直线并调整参数

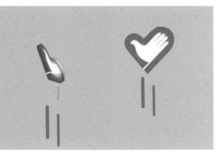

图7-69　查看动画效果（6）

⑫ 添加爆炸动画。选择Motion脚本的"Tools"面板，点击"爆炸"工具，时间轴面板中会自动生成一个"Burst"图层，选择"Burst"图层，进入"效果控件"面板，将"Color" > "Fill" > "Color"设置为红色（RGB：230，35，20），取消"Stoke" > "Enable"后面的复选框▣（图7-70），查看动画效果（图7-71）。

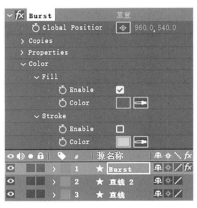 

图7-70　应用"爆炸"工具　　　图7-71　查看动画效果（7）

⑬ 设置爆炸关键帧。将时间轴拖到第10帧，选择"Burst"图层，开启"Copies" > "Dist.from center"属性的关键帧，参数设置为"0"，创建第一个关键帧。将时间轴拖到第15帧，参数设置为"230"，生成第二个关键帧。将时间轴拖到第10帧，开启"Properties" > "Height"属性的关键帧，参数设置为"0"，创建第一个关键帧。将时间轴拖到第14帧，参数设置为"100"，生成第二个关键帧。将时间轴拖到第16帧，参数设置为"0"，生成第三个关键帧（图7-72）。

图7-72　设置爆炸关键帧

⑭ 将"Burst"图层的"Global Position"参数设置为"970，470"，选择所有图层并打开时间轴的▣"运动模糊"，完成最终动画制作（图7-73）。

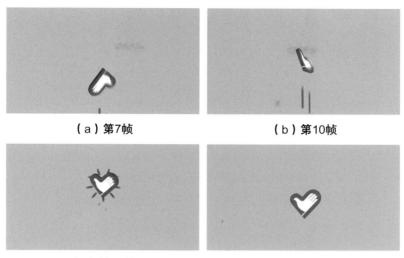

（a）第7帧　　　　　　　　　　（b）第10帧

（c）第13帧　　　　　　　　　　（d）第18秒

图7-73　最终logo弹出动画效果

● **小结**

　　插件和脚本是MG动画设计中的重要工具，创作者要能够熟悉插件和脚本的动画效果，并能够灵活地运用相关脚本插件进行特效设计、动画设计，合理地表现角色动画和场景动画等。具体设计时，创作者要考虑图形元素的艺术构思，合理地设计图形元素的运动方式，赋予MG动画丰富的视觉特征，提升观众的视听体验感。

< **拓展训练**

使用Newton插件制作粒子滚动动画（图7-74）。

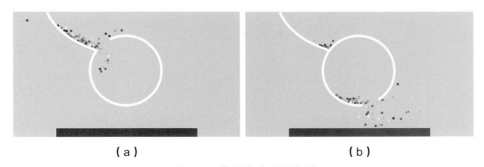

（a）　　　　　　　　　　　　　（b）

图7-74　粒子滚动动画案例

第 8 章 | MG动画综合案例

素质目标 ● 培养在工作岗位上深度耕耘、可持续发展的能力；
培养自学能力和解决问题的能力；
培养一定的组织、管理和分析能力。

能力目标 ● 了解不同类型MG动画的制作方法与技巧；
熟悉MG动画的制作软件，提升MG动画的制作质量。

8.1 综合案例：标志出场动画

设计构思：本案例讲解制作标志出场动画的方法，主要运用关键帧、效果等工具进行制作（图8-1）。首先制作标志的变速运动效果，然后添加"时间置换"工具生成错位的标志出场动画，最后通过设置多个图层的"时间入点"，添加"转换通道""高斯模糊""发光"，并调整图层"模式"实现绚丽的标志出场效果。

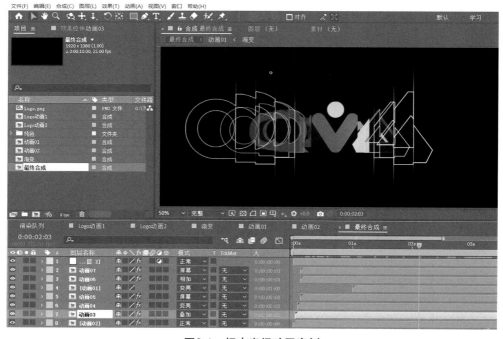

图8-1 标志出场动画案例

本案例制作步骤如下。

8.1.1 制作标志图层动画

① 打开After Effects软件，新建合成，命名为"Logo动画1"，"预设"选择"HDTV 1080 25"，"持续时间"设置为"10秒"，"背景颜色"设置为"黑色"（RGB：0，0，0）（图8-2）。

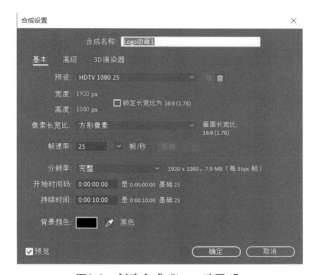

图8-2　创建合成"Logo动画1"

② 设置关键帧。导入"Logo.png"文件，拖入合成中。将时间轴拖到第1秒10帧，开启"位置""不透明度"属性关键帧，设置第一个关键帧。将时间轴拖到第10帧，"位置"参数设置为"700，540"（图8-3），"不透明度"参数设置为"0%"，分别生成第二个关键帧（图8-4）。

图8-3　"位置"属性关键帧

图8-4　"不透明度"属性关键帧

③ 选择创建的关键帧，点击快捷键F9生成"缓动"曲线。打开"图表编辑器"模式，显示"速度图表"，选择第一秒的关键点控制柄向左拖曳，调整曲线曲率，强化"缓动"效果（图8-5），查看画面效果（图8-6）。

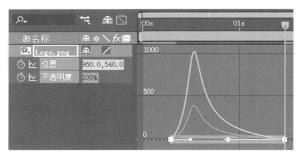

图8-5　调整曲线曲率　　　　　　　　图8-6　查看画面效果（1）

④ 创建合成。在项目窗口，选择"Logo动画1"并复制一次，命名为"Logo动画2"，双击进入"Logo动画2"合成（图8-7）。将时间轴拖到第1秒10帧，开启"缩放"属性关键帧，设置第一个关键帧。将时间轴拖到第10帧，"缩放"参数设置为"0，0%"，生成第二个关键帧（图8-8）。

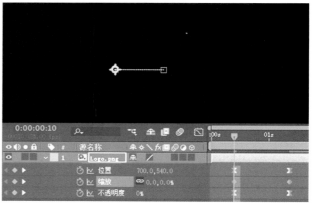

图8-7　创建合成　　　　　　　　　图8-8　设置"缩放"关键帧

⑤ 选择"缩放"的两个关键帧，点击快捷键F9生成缓动曲线。将"位置"属性的第二个关键帧拖曳到第1秒18帧（图8-9）。将时间轴拖曳到第2秒15帧，"缩放"属性关键帧参数设置为"0，0%"，"不透明度"属性关键帧参数设置为"0%"，分别作为第三个关键帧（图8-10）。

图8-9　调整"位置"关键帧　　　　图8-10　设置"缩放""不透明度"关键帧

⑥ 选择所有关键帧，打开"图表编辑器"模式，选择"编辑速度图表"，分别设置"位置""缩放""不透明度"的曲线曲率，强化"缓动"效果，查看画面效果（图8-11）。

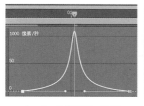
（a）"位置"曲线

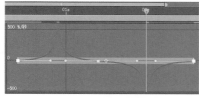
（b）"缩放"曲线

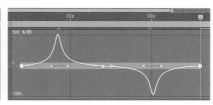
（c）"不透明度"曲线

图8-11　设置曲线曲率

⑦ 创建渐变合成。新建合成，命名为"渐变"。点击快捷键Ctrl+Y快速创建纯色图层，命名为"背景"，"颜色"设置为黑色（RGB：0，0，0）（图8-12）。

⑧ 新建形状图层，重命名为"长方形"，在主工具栏选择"矩形工具"，"填充颜色"设置为白色（RGB：255，255，255），关闭

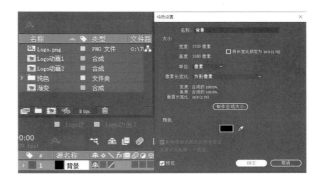

图8-12　创建"背景"图层

"描边"。在合成窗口创建长方形，打开"内容">"矩形">"矩形路径"，取消"约束比例"，将"大小"属性设置为"300，1300"（图8-13）。点击快捷键 Ctrl+Alt+Home将锚点置于长方形中心，点击快捷键Ctrl+Home将图层置于画面中心（图8-14）。

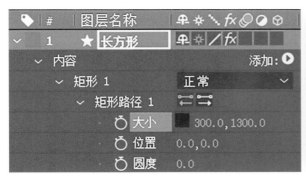

图8-13　新建形状图层

图8-14　图层居于画面中心

⑨ 选择"效果"菜单>"模糊与锐化">"高斯模糊"，在"效果控件"面板将"模糊度"属性设置为"300"，查看画面效果（图8-15）。

⑩ 点击快捷键Ctrl+Alt+Y新建调整图层，重命名为"马赛克"，选择"效果"菜单>"风格化">"马赛克"，将"水平块""垂直块"属性设置为"30"（图8-16）。

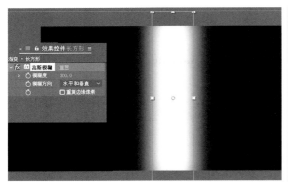

图8-15　添加"高斯模糊"

图8-16　新建调整图层并添加"马赛克"

⑪ 新建合成，命名为"动画01"，将"Logo动画1""渐变"合成拖入，将"渐变"合成置于"Logo动画1"下方，并取消 👁 "显示"，隐藏"渐变"合成（图8-17）。

⑫ 选择"效果"菜单>"时间">"时间置换"，添加到"Logo动画1"合成，进入"效果控件"面板，在"时间置换图层"的复选框中选择"2.渐变"（图8-18），查看画面效果（图8-19）。

图8-17　新建"动画01"合成

图8-18　添加"时间置换"

图8-19　查看画面效果（2）

⑬ 新建合成，命名为"动画02"，将"Logo动画2""渐变"合成拖入，将"渐变"合成置于"Logo动画2"下方，并取消  "显示"，隐藏"渐变"合成。同样应用"时间置换"效果到"Logo动画2"合成，在"时间置换图层"的复选框中选择"2.渐变"，查看画面效果（图8-20）。

图8-20　新建"动画02"合成

8.1.2　制作标志出场动画

① 新建合成，命名为"最终合成"，将"动画02"合成拖入，选择"动画02"合成并复制三次，重命名为"动画03""动画04""动画05"，并将"时间入点"依次设置为第1帧、第2帧、第3帧（图8-21）。

② 添加效果。选择"效果"菜

图8-21　新建"最终合成"

单>"通道">"转换通道"，分别添加到"动画02""动画03""动画04"合成。进入"效果控件"面板，将"动画02"合成的"从获取绿色""从获取蓝色"修改为"完全关闭"（图8-22），"动画03"合成的"从获取红色""从获取蓝色"修改为"完全关闭"（图8-23），"动画04"合成的"从获取红色""从获取绿色"修改为"完全关闭"（图8-24）。

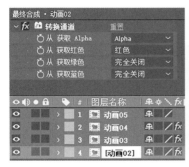

图8-22　"动画02"合成

图8-23　"动画03"合成

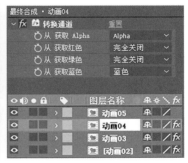

图8-24　"动画04"合成

③ 选择"动画05"合成，添加"效果"菜单>"风格化">"查找边缘"，在"效果控件"面板中勾选"反转"的复选框。点击快捷键S打开"缩放"属性，参数设置为"130，130%"，查看画面效果（图8-25）。

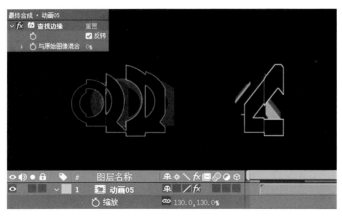

图8-25　"动画05"合成

④ 选择"动画01"合成，拖入合成中，将"时间入点"设置为第1秒（图8-26）。选择"动画05"合成并复制一次，重命名为"动画06"，置于"动画01"合成上方，将"缩放"属性调整为"170，170%"，查看画面效果（图8-27）。

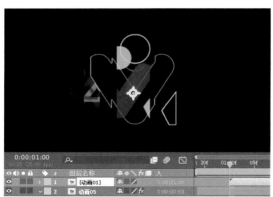

图8-26　设置"时间入点"

图8-27　复制"动画06"并调整"缩放"

⑤ 选择"动画06"合成并复制一次，重命名为"动画07"，置于合成上方。添加"效果"菜单>"模糊与锐化">"高斯模糊"，将"模糊长度"调整为"150"，查看画面效果（图8-28）。

⑥ 点击快捷键Ctrl+Alt+Y新建调整图层，添加"效果"菜单>"风格化">"发光"，将"发光阈值"设置为"70%"，"发光半径"设置为"250"，"发光强度"设置为"0.8"，

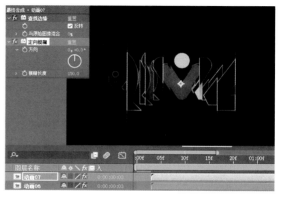

图8-28　复制"动画07"并添加"高斯模糊"

查看画面效果（图8-29）。

⑦ 根据画面效果，调整各个图层的"模式"，突出画面的光感和层次（图8-30）。

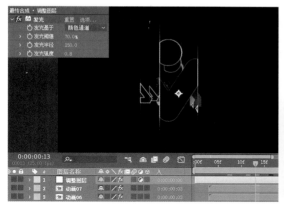

图8-29 新建调整图层并添加"发光"

图8-30 调整图层的"模式"

⑧ 调整细节，完成最终动画效果（图8-31）。

（a）第14帧

（b）第1秒2帧

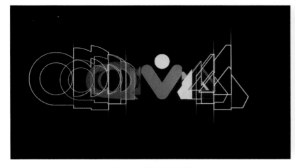

（c）第2秒3帧

（d）第3秒

图8-31 最终标志出场动画效果

8.2　综合案例：图形光影动画

设计构思：本案例讲解制作图形光影动画的方法，主要运用跟踪工具、效果等工具进行制作（图8-32）。首先制作"跟踪摄像机"，解析画面中的实底，然后制作画面中的图形，通过"父级关联器"链接到实底，并调整在画面中的位置，添加"发光"效果，并制作图层的投影效果等，也可以导入图形视频作为画面中的图形元素制作光影动画。

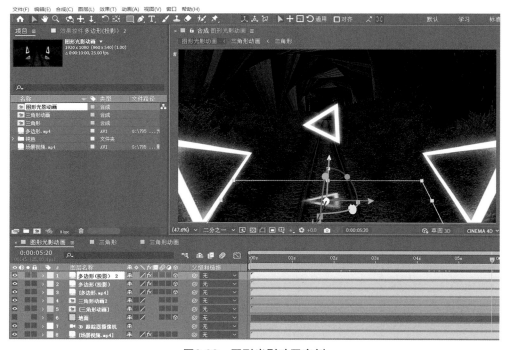

图8-32　图形光影动画案例

本案例制作步骤如下。

8.2.1　制作摄像机跟踪器

① 打开After Effects软件，新建合成，命名为"图形光影动画"，"预设"选择"HDTV 1080 25"，"持续时间"设置为"10秒"，"背景颜色"设置为黑色（RGB：0，0，0）（图8-33）。

▶ 视频教程 ◀

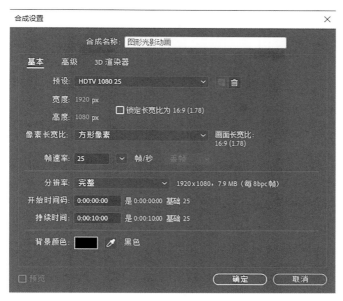

图8-33　创建合成"图形光影动画"

② 导入"场景视频.mp4"文件，拖入合成中，查看画面效果（图8-34）。

图8-34　导入文件

③ 选择"场景视频"并点击右键，在弹出面板中选择"跟踪与稳定">"跟踪摄像机"，启用"3D 摄像相机跟踪器"。在"效果控件"面板中打开"高级"属性组，勾选"详细分析"的复选框，此时软件会自动开始"分析"（图8-35）。使用"跟踪摄像机"时，必须保证视频与合成的格式一致；如果拍摄的视频不够稳定，可以使用"跟踪与稳定">变形稳定器VFX，进行稳定解析（图8-36）。

图8-35　启用"3D 摄像相机跟踪器"　　　　图8-36　摄像机跟踪器解析

④ 解析完成后，画面中出现不同颜色的簇点，不同的颜色代表簇点的稳定程度不一样，其中，绿色的簇点更加稳定，因此按住快捷键Shift选择远近不同的绿色簇点，当出现"圆靶"之后，点击右键，在弹出面板中选择"创建实底和摄像机"（图8-37）。在时间轴面板中自动创建"跟踪实底1"和"3D跟踪器摄像机"图层，将"跟踪实底1"重命名为"地面"。这里"地面"的解析效果与画面场景的地面存在差异，需要手动校对。打开"地面"的旋转属性，将"X轴旋转"设置为"0x-50°"，使"地面"图层与画面中的铁轨平行（图8-38）。

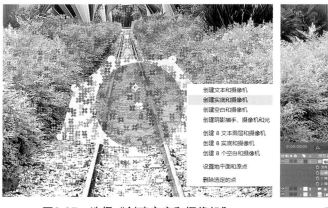 

图8-37　选择"创建实底和摄像机"　　　　图8-38　"地面"图层与铁轨平行

⑤ 选择"场景视频"图层，添加"效果"菜单>"色彩校正">"色调"，在"效果控件"面板中"将白色映射到"的颜色修改为深蓝色（RGB：40，80，120），"着色数量"设置为"80%"。添加"效果"菜单>"色彩校正">"色阶"，将"效果控件"面板中的"灰度系数"设置为"0.6"（图8-39），查看画面效果（图8-40）。

图8-39　添加"色调""色阶"　　　　　　　　　图8-40　画面效果（1）

8.2.2　制作光影动画

① 新建合成，命名为"三角形"。在时间轴面板新建形状图层，点击"内容" > "添加"后的 ，在弹出面板中选择"多边星形"，再次点击 ，在弹出面板中选择"描边"。修改参数，打开"内容" > "多边星形路径1"，将"类型"设置为"多边形"，"点"设置为"3"，"外径"设置为"200"，"描边颜色"设置为白色（RGB：255，255，255），"描边宽度"设置为"20"（图8-41），查看画面效果（图8-42）。

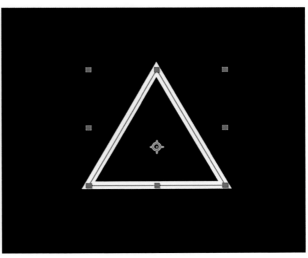

图8-41　新建形状图层并修改参数　　　　　　　图8-42　画面效果（2）

② 点击快捷键R打开"旋转"属性，按住Alt点击"旋转"属性关键帧记录器，开启表达式，输入表达式：time*150，设置三角形的旋转动画（图8-43）。

③ 将"三角形"合成拖到"图形光影动画"合成中，开启"三角形"合成的 ⊡ "3D图层"工具，按住Shift并拖曳"父级关联器"，将"三角形"图层链接到"地面"图层。合成窗口中"三角形"的坐标与"地面"重合，跟踪效果应用完成（图8-44）。

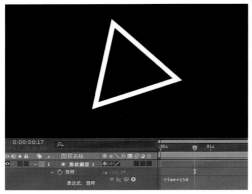
图8-43　开启表达式

图8-44　应用跟踪效果

④ 取消"三角形"图层的父级对象，打开"变换"属性，"缩放"属性设置为"200，200，200%"。将"X轴旋转""Y轴旋转"设置为"0x+70°"，再调整"位置"属性的"X""Y"轴参数，将图层置于"地面"图层的左侧并与之垂直，保证三角形旋转时与地面不相交（图8-45），查看画面效果（图8-46）。

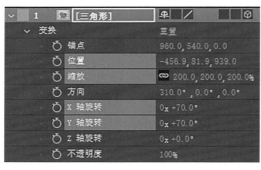
图8-45　修改参数

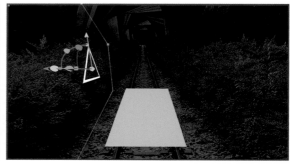
图8-46　画面效果（3）

⑤ 制作发光效果。选择"三角形"合成，添加"效果"菜单>"风格化">"发光"，将"发光阈值"设置为"20%"，"发光半径"设置为"60"，"发光强度"设置为"1.5"，"发光颜色"设置为"A和B颜色"，"颜色A"设置为淡蓝色（RGB：80，220，250），"颜色B"设置为深蓝色（RGB：20，150，255）（图8-47），查看画面效果（图8-48）。

图8-47 添加"发光"

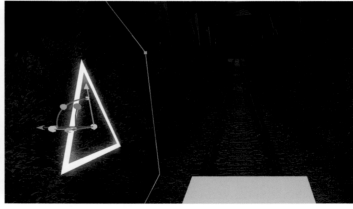

图8-48 画面效果（4）

⑥ 制作光影效果。选择"三角形"图层并复制一次，重命名为"三角形（投影）"。按住Shift并拖曳"父级关联器"，将"三角形（投影）"链接到"地面"图层，跟踪效果应用完成。取消"三角形（投影）"图层的父级对象，打开"位置"属性，调整"X轴"参数，在视图窗口中将"三角形（投影）"移动到"三角形"下方（图8-49）。

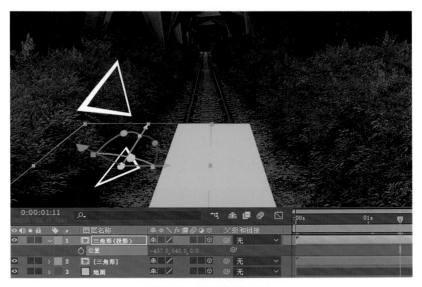

图8-49 画面效果（5）

⑦ 将"三角形（投影）"的"不透明度"属性设置为"60%"，添加"效果"菜单>"模糊和锐化">"高斯模糊"，将"模糊度"设置为"20"（图8-50）。选择"三角形（投影）"并复制一次，命名为"三角形（投影）2"，将"不透明度"设置为"100%"，"模糊度"设置为"200"（图8-51）。

图8-50 设置"三角形（投影）"图层

图8-51 设置"三角形（投影）2"图层

⑧ 选择"3D 跟踪器摄像机"并复制一次，命名为"3D 跟踪器摄像机2"，选择"三角形""三角形（投影）""三角形（投影）2""3D 跟踪器摄像机2"并点击Ctrl+Shift+C生成预合成，命名为"三角形动画"（图8-52）。

图8-52 创建"三角形动画"合成

⑨ 选择"三角形动画"并复制一次，命名为"三角形动画2"，打开"缩放"属性，取消 🔗"比例约束"，将参数修改"-100，100%"，形成画面的对称效果（图8-53）。

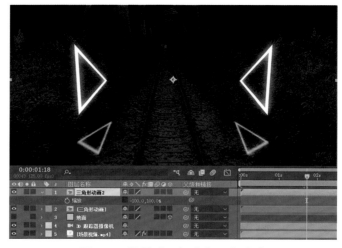

图8-53 设置"三角形动画2"合成

⑩ 导入"多边形.mp4"文件，在项目面板中选择"多边形.mp4"文件并点击右键，打开"解释素材">"主要"，将"循环"修改为"10次"（图8-54）。将"多边形.mp4"文件拖入时间轴面板中，添加"效果"菜单>"通道">"设置遮罩"，将"用于遮罩"设置为"亮度"，查看画面效果（图8-55）。

图8-54 "循环"修改为"10次"

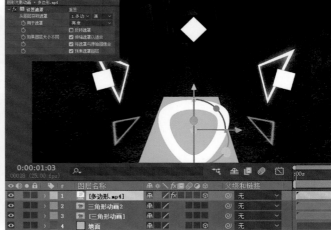

图8-55 添加"设置遮罩"

⑪ 开启"多边形"图层的 "3D图层"工具，按住Shift并拖曳"父级关联器"，将图层链接到"地面"图层，跟踪效果应用完成。取消"多边形"图层的父级对象，将"X轴旋转"设置为"0x+50°"，打开"位置"属性并调整"Y""Z"轴参数，将"多边形"置于"地面"图层中心，使"多边形"图层与画面平行（图8-56）。

⑫ 采用同样的方法制作"多边形"图层的发光效果，并复制"多边形（投影）""多边形（投影）2"图层制作投影效果（图8-57）。

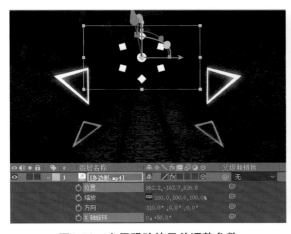

图8-56 应用跟踪效果并调整参数

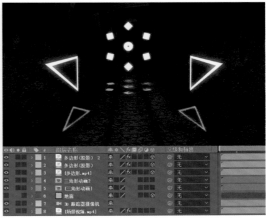

图8-57 制作"多边形"图层动画

⑬ 隐藏"地面"图层，完成最终动画效果（图8-58）。

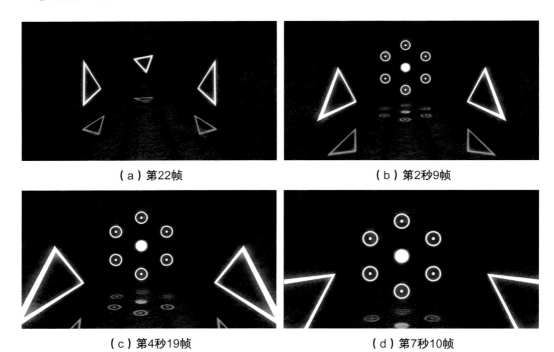

（a）第22帧　　　　　　　　　　　（b）第2秒9帧

（c）第4秒19帧　　　　　　　　　　（d）第7秒10帧

图8-58　最终图形光影动画效果

< 拓展训练

制作旅游线路动画（图8-59）。

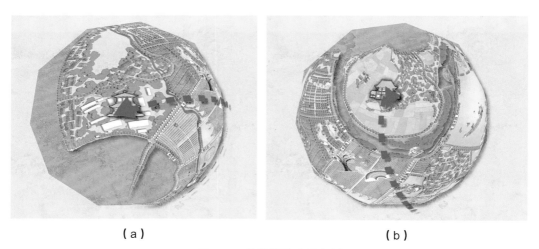

（a）　　　　　　　　　　　　　（b）

图8-59　旅游线路动画案例

参考文献

[1] 魏志成. 动画本体与新形式——动态图形设计初步[M]. 北京：化学工业出版社，2017：1.

[2] 周胜. 新媒体语境下的动态图形与动态标志设计[J]. 科技资讯，2016，14（27）：166-167.

[3] 孙聪."Motion Graphic"与视觉信息传达范式的变迁[J]. 美术研究，2015（04）：104-107.

[4] 宋方圆. 动画本体与新形式——动态图形设计的视觉范式研究[J].南京艺术学院学报，2019（04）：193-196.

[5] Motion Graphics[EB/OL].（2013-05-15）[2023-01-06].https://en.wikipedia.org/wiki/Motion_graphics.

[6] Changing Over Time: The Future of Motion Graphics[EB/OL].（2014-10-28）[2023-01-06].https://benjaminhallwriting wordpress.com/2014/10/28.

[7] 奥斯汀·肖. 动态视觉艺术设计动态图形设计初步[M]. 陈莹婷，卢佳，王雅慧，译. 北京:清华大学出版社，2018：3.

[8] BETANCOURT M.The history of Motion Graphics[M].Maryland: Wildside Press，2013：15.

[9] 郝淼. 信息可视化的动态设计研究[D]. 重庆：四川美术学院，2014：17.

[10] 电影片头设计大师[EB/OL].（2017-09-06）[2023-01-06].https://www.sohu.com/a/190331200_297144.

[11] 张婵媛. 动态图形传达的空间研究[D]. 西安：西安美术学院，2012：37.

[12] 电影片头设计师理查德·格林伯格去世[EB/OL].（2018-06-23）[2023-04-06].https://www.sohu.com/a/237434360_282575.

[13] 唐杰晓. 新媒体视域下Motion Graphics视觉语言价值及其未来走向[J]. 哈尔滨学院学报，2019，40(07)：117-120.